国家出版基金项目
NATIONAL PUBLICATION FOUNDATION

總　主　編　趙超　行龍

執行總主編　駱玉安

本　卷　主　編　郝平

本卷執行主編　吳小倫

山西卷　四

黄河流域水利碑刻集成

上海交通大學出版社
SHANGHAI JIAO TONG UNIVERSITY PRESS

清（二）

393. 塑修水神廟龍王像戲臺等碑

立石年代：清乾隆十六年（1751 年）
原石尺寸：高 140 厘米，寬 69 厘米
石存地點：臨汾市洪洞縣廣勝寺鎮廣勝寺

〔碑額〕：碑誌

事無巨細，皆仁所寓。苟當其任，即貴剛毅以勝之，奚論百年，奚論一日爲？勝水之功大利溥，相傳已久，無煩余贅。独計治水之長，一年一更，其中保無因仍苟且，徒塞一歲之責而已乎！故昔人雖口良意口口經久弊生而不加禁者，渠道橋梁有當勤修而憚勞者，廟宇亭屋有將傾圮而口口口口口繆者，不思官民共推、神人均賴，責綦重矣。前諉之後，後視乎前，將愈久而愈……馮旺，少年老成，自任事以來，晝夜不遑，祇冀免過，而功遂茂焉。其經營溉地……者沾惠，間有不率即賜之罰，而渠規于以克振，地方得安無事。至于渠道橋梁口口屢口口不惜而工常勤，庙中應葺之口悉整新，而神前儀仗不無不備，極完美。功將告竣，問序于余。口清泉汪洋，免嘆雲章之旱甚；而綠波澎湃，恍睹杏林之雨紛。仁道發皇，有志者慨然爲之可口口口，詎非剛毅之資有以超人與！百年如一日，一日而百年，一歲一更，何因仍苟且之有口口口也。是可誌也。

邑歲進士申中嘉雲會氏撰。

塑龍王神像，修傘一把，重修戲臺，修磚窯背墙八孔，修燕家溝，共費銀口口二兩口錢。

合渠溝頭（以下五十八名溝頭姓名略而不録）。

北霍渠渠掌馮翁諱旺字陸軒，渠司段廷楠，水巡陳賈夥，三坊溝頭李生才、李大富、賈蒙富，柴村石顯富、高丕申、高丕臣、李成貴。

主持僧人祖鐸。

乾隆十六年八月吉旦。

394. 爲防夥井争端碑記

立石年代：清乾隆十六年（1751 年）
原石尺寸：高 50 厘米，寬 70 厘米
石存地點：長治市平順縣北社鄉東河村

□清乾隆十六年，木馱夥井有四眼。
舊約付於王有憑，新約交於王奎宣。
牛氏定唐經賬幅，輩輩交帶往後傳。
非是老生過遠慮，須防北嶺有争端。

龍君祠

重記小澗龍王廟香火施碑

395. 重記小澗村龍王廟香火地碑

立石年代：清乾隆十七年（1752 年）
原石尺寸：高 115 厘米，寬 55 厘米
石存地點：臨汾市霍州市李曹鎮小澗村

〔碑額〕：龍君祠
重記小澗龍王廟香火地碑
　　龍神之成神也，不知事見於何朝，受封於何代。諺語相傳，庫拔村係龍神之老娘家也。當年騎羊升天時，自庫拔由北張、靳壁等村而至小澗、劉家山，五色呈奇瑞□□异，威靈極其赫濯。於是村人士以是呈之州，州遂詳府，府詳院，院具疏，敕封小澗山龍王焉。□建廟宇，在劉家山置香火地捌拾餘畝，其地之稅粮洒於神路，牛隻地户其所獲之租籽爲住持□養贍，以奉神前香火。小澗、庫拔迎送不絕，應待有規，碑文昭昭，已歷多年矣。奈大明年間流賊□來，村人離散，被豪□□碑文打壞，霸種廟地，人心不齊。寧定之後，未曾稽查，以致住持之養贍□□，而神之香火斷絕矣。睹斯廟者，無不觸目傷心，動清查□地之念。至乾隆壬申春月，庫拔村□首會同北張、靳壁、小澗等村香首，同心協力，□至山上清查廟地。而清查之際，恍似有神靈□□，霸地者各吐真言，確指廟地段數，逐一献□，□祈恕其霸地之罪，不禀官究治焉。自兹以往，□歸廟中，住持之養贍庶不至不足矣，神前之香火庶有以長久矣。斯舉也，後先接踵，質諸前代□置之意，不無小補焉。神人胥悦，不誠盛舉哉！謹將地畝段數四至坐落勒之碑陰，以垂永遠。是爲記。
　　儒學生員石倫撰文，儒學生員□執丹書。
　　（以下功德主姓氏人名略而不録）
　　石匠南向林刊。
　　時大清乾隆拾柒年三月拾陸日吉旦立。

重脩

龍神廟序

　　蓋聞神功溥惡石灘善地四東全闕溝頂南青年頂西水西溝頂北塔建堂頂
古剎善院曰朝神殿莫報里德綿邈奕禋傳世而推勞良魚東南有礎石堂
不足乃募化郝化神殿本村何代其墻垣破壞楝宇撐欹几廢隆焉辛夫春村人
以法僧人有舍祭草可今捐金而樂助上發增舊制宏模金粧廟座門過
泉而是地俟懈山刻何奇多明來格而來翌也平乎為咸曰天地之濱大江之濱
朝夕矢哉是時余兄棟與村衆咸曰神既成顯有記摧其心蓋愛人之善一
前人之遠郝要衆以神有莫大之功于人世建廟宇勒碑石丐以題神功組前遠更
于無窮也而勝鄉之盛地哉余固為芳云

大清乾隆十七年歲次壬申年夏穀旦立

396. 重修龍神廟序

立石年代：清乾隆十七年（1752 年）
原石尺寸：高 153 厘米，寬 50 厘米
石存地點：大同市靈丘縣上寨鎮雁翅村龍王廟

〔碑額〕：重修

龍神廟序

盖聞：神功浩蕩，山川祀享而莫報；聖德綿邈，奕祀傳述而难穷。灵邑東南有惡石山，
□□□□村南，山□□□古刹善院，曰龍神殿，不知創由何代。其墙垣破壞，棟宇摧倚，几廢墜焉。
辛未春，村人議起旧而復新，□□□不足，乃募化他鄉，他鄉亦多捐金而樂助也。爰增旧制，宏規模，
金妝聖像，用壮观焉。殿堂門廡，□□□□□以法，僧人有舍，祭享可牟，□□□明來格而來歆也乎！
乃或曰："天地之濱，大江之廣，龍所潛藏而神所□□也。而是地狭隘，山水何奇，神必不留於此。"
余曰："不然，神之在天下□水之地中，無所往而不有也。辟如掘井□泉，而曰水專在是，豈理也哉？"
余友王子琳亦曰："若人奉之誠，祀之虔，祷請□□不靈焉。矧兹廟創于前人，匪□朝夕矣。"是時，
余兄棟與村衆咸曰："廟既成，願有記。"推其心，豈愛人之善，一金一粟而不以没耶！其亦喜能
恢衆前人之迹耶！要皆以神有莫大之功于人世。建廟宇，勒碑石，既以顯神功；繼前迹，更欲傳
於后之人，祀享于無穷也。而豈近日一村一鄉之盛事□談也哉？余因爲序云。

經領人刘佐、郑信、張寬、郑起凡、郑宏璧、李生、貴登、郑宏德，生員刘桓、王成德、郑棟。
五台縣瓦匠張吉貴、孫吉迪，泥匠陳啓順……
惡石廟善地四至：東至闊溝頂，南青崖頂，西小西溝頂，北塔兒崖北頂。
時大清乾隆十七年歲次壬申季夏穀旦立。

397. 穿井記

立石年代：清乾隆十七年（1752年）

原石尺寸：高35厘米，寬45厘米

石存地點：運城市新絳縣陽王鎮劉峪村

乾隆六年二月初十日穿井

　　人生以水食爲命，鑿井穿泉在所必□。今路北有地方一厘七毫五絲，本□張利雍祖業，衆人卜□得占啓用不能。利雍爲人□好，以爲方便，願將此地施爲穿井所用。但衆人皆非木石，詎忍無故而受之。因長門有孟印，二門有孟勤，四門有孟威，五門有孟□，□門有景定等，各平□銀若干，付與利雍收使，以免口舌。因銘於石，垂之後世以示鑒。是爲序。

　　張利雍外施銀伍錢。

　　乾隆廿一年二月十九日，□□樹一株。

　　十七年七月十五日立。

清（二）

398. 重修龍神廟碑陰題名碑

立石年代：清乾隆十七年（1752年）
原石尺寸：高146厘米，寬71厘米
石存地點：呂梁市石樓縣辛關鎮鳳山寺

〔碑額〕：碑陰題名　　日　月
重修龍神廟碑陰題名

嘗思：神靈之應□，視乎人心之誠恪，可以格□。神靈之響應，理所固然，情所必至也。縣治西崇德里許有可寒神，距城七十餘，舊有龍神廟乙所，亦不知建於何代，創於何人。奈歷年久遠，廟宇傾圮，神像無影而圮□猶存。盖神之爲道，雖澤被一隅而利濟無□。稍有利於世道人心者，尚且創祠以祀之，建像以礼之也，矧靈應如我龍王尊神乎！布霎霼而殺旱魃，三農有慶；降霶霖而舞商羊，四方告成。其有功於社稷，有利於民生者，豈淺鮮哉！使不爲之重整修茸，何□□神靈而安人心，消灾難而迓景福也？信士閆成滿會諸合社，相與重修，僉曰："此善念也，願效力焉。"但獨力不克以勝重任，一木難以支大廈，不得不募化於十方。貴官長者喜捨資財，共襄盛事。勿謂勺水無補於滄海，簣土亦可以成山也。工竣……誌不朽。是爲序。

丹青南儒雲、南儒英。候任訓導曹元甲撰文。本里清涼院住持僧□□書丹。

（以下功德主姓名及施錢金額略而不録）

大元［清］乾隆十七年七月十五日立。

黄河流域水利碑刻集成·山西卷 四

重修烈石口英济祠碑记

天下事有以為前人祈論定者即為後人祈不必復贅惟當即時事以表彰之俾垂不朽如烈石口英济之神其為春秋時趙氏臣也人孰不知之其姓實名犨字鳴犢而與舜華齊名也人孰不知之至其冤至其生而烈直烈秋霜死而英靈能與雲雨每值亢旱凡遠近有祈禱者無不立應此神之功德廣大也又人孰不知之自無煩再為之曉也獨是祠宇之發興岩阿之勝槩宜表其端委而不容辭其責焉蓋嘗論古今之事物其盛衰修墮失祗氣運之叢幻神居以鸞以驚典岩阿之勝槩莫憶其始後莫測其終建廟靈方與高厚其無疆此一盛也自多歷年所而集物境將陻汩矣祠將傾圮矣變幻莫測人事耶非氣運耶是亦一衰也通來卿之人咸矢修葺棟宇之志輪奐助力集物而境將陻汩

盛之會也是果氣運耶抑人事耶此非氣運也通來鄉之人咸矢修葺而说凡遊歷其間者仰視塵寰青色浮翠林求嚶日晴景和清風徐來見鼉飛朱緑縵縵圜圆以垣塘守以扃廟坐對流水意致高爽鮫窟變致勃天空海潤魚躍鳶飛蕭然烟火疎欞如聞龍鬭如聽獅吼狼射伏羸潛藏狐兔驚怖惴畏避通接闥開坐對流水意致

葉傳其聲四顧蕭然烟火疎欞如前景致當斯時也發浩然氣必有求之又應斯時也與土誼等和且又何以目凡不可一世之聚矣以之半盛武士君子誠不能不任其責也至於神所由建與夫有求之必應皆歷代

人事挽氣運而由衰以之半盛武士君子誠不能不任其責也至于神所由建與

勅授文林郎大原府教授毫水劉王印薰沐撰文

賜進士出身勅授文林郎

忻郡儒學生員馬齊燕書丹

乾隆拾玖年歲在甲戌孟夏

經理紏首苗生渭
苗喜雨
苗培澤
康茂花

鐵筆匠苗若表
苗廣旺
苗懷仁

住持僧微義

吉旦勒

399. 重修烈石口英濟祠碑記

立石年代：清乾隆十九年（1754 年）
原石尺寸：高 290 厘米，寬 100 厘米
石存地點：太原市尖草坪區竇大夫祠

重修烈石口英濟祠碑記

　　凡天下事有久爲前人所論定者，即爲後人所不必復贅。惟當即時事以表彰之，俾垂不朽。如烈石口英濟之神，其爲春秋時趙氏臣也，人孰不知之？其姓竇名犨字鳴犢，而與舜華齊名也，人孰不知之？至其生而烈直，志比秋霜，死也英靈，能興雲雨，每值亢旱，凡遠近有祈禱者，無不立應，此神之功德廣大也，又人孰不知之？既莫不知之，自無煩再爲之曉曉也。獨是祠宇之廢興，岩阿之勝概，宜表其端委而不容辭其責焉。盖嘗論古今之事物，其盛衰修墜，大抵氣運人事兩相因，適兩相成，如懷山襄陵以開舜禹，園囿污澤以開武周，暴行邪説以開孔孟，歷歷可據。兹烈石之祠，前莫憶其始，後莫測其終，建廟栖靈，方與高厚其無疆，此一盛也！自多歷年所，而境將湮汩矣，祠將傾圮矣。變蛟窟爲□叢，幻神居以鳥道，是亦一衰也！邇來鄉之人咸矢修葺棟宇之志，輸資助力，集物鳩工，不日而大工告竣，此又衰而復盛之會也！是果氣運耶？抑人事耶？非氣運與人事相因而適以相成耶？將見翬飛煥采，朱緑縵藻，圍以垣墉，守以扃□。凡游歷其間者，仰觀星斗，俯視塵寰。青色浮翠，林鳴求嚶，日晴景和，清風徐來，牛背橫笛；遐邇接聞，坐對流水，意致勃勃，天空海闊，魚躍鳶飛。觸斯興也，其樂何極！當有酌酒賦詩，得意洋洋者矣。其或風雨驟至，雷電交馳，梢頭助其威，落葉傳其聲，四顧蕭然，烟火疏稀，如聞龍鬭，如聽獅吼，狼豺伏竄潛藏，狐兔驚怖惴畏。當斯時也，發浩然氣必有憬，且□壯不可一世之概矣。此眼前景致，當下修爲，苟非約略以表彰之，幾何不使名山神宇僅僅與土菹等邪？且又何以□人事挽氣運而由衰以之乎？盛哉！士君子誠不能不任其責也。至於神所由來，祠所由建，與夫有求之必應，皆歷代賢公卿所詳細而論定之者，故不必復贅云。

　　賜進士出身敕授文林郎太原府教授亳水劉玉印薰沐撰文，忻郡儒學生員馬齊燕書丹。

　　經理糾首：苗生洪、苗喜雨、苗生渭、苗懷仁。

　　鐵筆匠：苗培澤、康茂花、苗培奉、苗廣旺。

　　住持僧：微義。

　　乾隆拾玖年歲在甲戌孟夏吉旦勒。

400. 重建白龍神祠碑記

立石年代：清乾隆十九年（1754 年）
原石尺寸：高 160 厘米，寬 73 厘米
石存地點：大同市渾源縣白龍王堂

〔碑額〕：重建白龍祠記
重建白龍神祠碑記

　　雨暘時若，萬物生成，神□□民大矣。□□治之南，恒嶽之背，有白龍神祠一所，創自萬曆乙卯年，重修於康熙乙卯年。創者、修者，無非爲甘霖普降而永荷神庥也。□□□康熙乙卯，迄於乾隆壬申，歷七十八載，風雨摧殘，不惟廟貌盡壞，且神像悉凋。時值亢旱，州人請出邑□龍太爺就□而祈禱，許願重爲建立，惟祈甘雨及時。禱畢即雨施，萬民歡悅。隨間□□□化□土，興作於十八年，告竣於十九年，共用銀叁佰餘兩。聞郡四時同感神惠而□□樂施□，□□□□之石，以昭神靈。抑著人力，用垂不朽。

　　延陵廩生王錫桓□□，渾邑庠生熊絃繹□□。

　　渾源州知州龍雲斐，渾源城都府蘇朗阿，儒學學正馬凝瑞、崔繹，訓導李耦，吏目周開運。

　　募化督工……

　　住持道人……

　　時大清乾隆十九年歲次甲戌菊月上浣之吉立石。

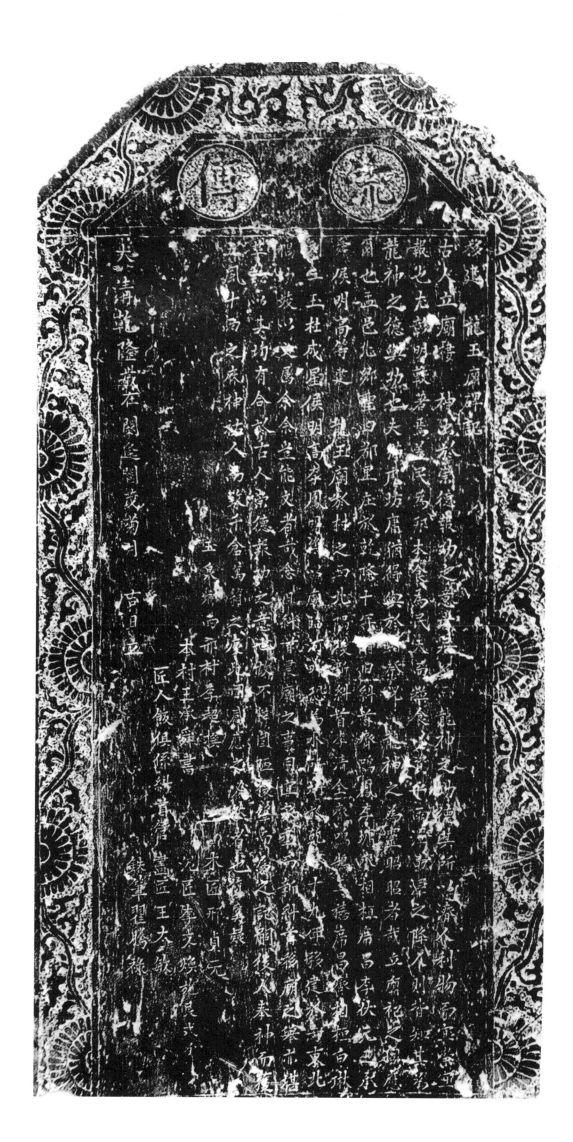

401. 移建龍王廟碑記

立石年代：清乾隆十九年（1754 年）
原石尺寸：高 108 厘米，寬 48 厘米
石存地點：陽泉市盂縣西潘鄉李莊村

〔碑額〕：流傳

移建龍王廟碑記

古人立廟栖神，出於崇德報功之意□□□；□龍神之功德，其所以濟人利物而宜崇宜報也，尤彰明較著焉。盖民爲邦本，食爲民天，而粒食必資乎雨澤。雨澤之降，人則皆知其爲龍神之德與功也！夫□□坊庸猶得與於□祭，況龍神之爲靈昭昭者哉！立廟祀之，固應爾也。盂邑北鄉聖四都里庄，於乾隆十年□旧糾首齊鳴鳳、李墉、齊相桓、席昌、李伏□、王承□、侯明高等建龍王廟於村之西北隅。後新糾首李清全、齊鳴鵠、王禧、席昌齊、相桓、白琳□、□□玉、杜成星、侯明高、李鳳□□以廟臨河畔，恐爲水所坍，於乾隆十九年移建於寺東北隅。功竣以文属余，余豈能文者哉！念旧糾首建廟之事，固宜永垂，而新糾首移廟之舉，亦堪并誌，以其均有合於古人崇德報功之意。故不辭固陋，援筆而爲之記。嗣後人奉神，而獲五風十雨之庥；神祐人而致千倉萬□之慶，此固感應之必然者也。復奚疑。

玉泉鄉西邢村李超撰，本村王承舜書。

匠人飯俱係糾首管。

木匠邢貞元，泥匠李文焕施銀貳錢，畫匠王太敏，鐵筆翟騰禄。

大清乾隆歲在閼逢閹茂菊月吉日立。

創鑿井碑

402. 古璩壤南社東溝鑿井碑記

立石年代：清乾隆二十年（1755 年）

原石尺寸：高 147 厘米，寬 48 厘米

石存地點：長治市壺關縣樹掌鎮樹掌村

〔碑額〕：創鑿井碑

古璩壤南社東溝鑿井碑記

上黨東南九十里，類多石不流膏之鄉，樹掌村其尤甚者也。抑不知民命之苦，天定之艰。乾隆乙亥春，方枯旱，汲水無□。□有道人淳慶，會合南社維首，念挹注之艰难，興鑿井之善事。因請献公馮先生，深明易象，熟識地理，見本村北山脉接天一而形若龍髭。正月創始，於二月□二日果得井泉。其水甚涌，豈非□□快事！由是合村担運，永垂萬世。奚必家住梁洲云乎哉？是爲記。

儒學生員馮冠軍撰。

後開同力鑿井善士姓名。

維首：趙世存、趙孝、趙君義、趙鵬、趙孔、趙廷、趙濬、趙全□、趙全勳、趙全財、趙中令、趙中貴、趙金拴、趙三榅、趙三梓、趙三甫、趙世勳、趙世增、趙世灃、趙世選。砌井施工、趙世廣、趙奇成、步存仁、趙奇勤、趙奇先、趙世玢、趙世闊、趙奇魯、趙世和、趙世君、趙世維、趙奇祥、趙世猷、趙世美、趙世寬、趙璉、趙珂、趙拴、趙現、趙門范氏、趙瑚寬、趙言、楊得早、趙君和、趙禎、趙緒、趙典、趙興、趙簡、趙保、趙聚、趙温、趙海、趙淦、趙裕、趙積、趙武、趙林、趙文、趙君德、趙景云。

砌井施工：趙驤、趙廣、趙泰、趙勳、趙琳、趙瀕、趙保拴、趙金、趙君臣、趙之棋、趙與、趙君美、趙瓚、趙景祥、趙鴻儒、趙中魁、趙全喜、趙全朝、趙景甫、趙景現、趙景全、趙全美、趙弘業、趙弘功、趙云法、趙全重、趙全民、趙棋、趙忠惠、趙中□、趙中□、趙中正、趙中立、趙全功、趙全京、趙中全、趙全府……

乾隆貳拾年七月念五日勒石。

403. 崇祀藏山龍神山神碑記

立石年代：清乾隆二十年（1755 年）

原石尺寸：高 143 厘米，寬 55 厘米

石存地點：陽泉市盂縣萇池鎮藏山祠

崇祀藏山龍神山神碑記

盂邑環繞萬山，而靈奇惟藏山爲最。山曷以靈？以晋卿趙文子之……避難匿是山，依程公潜踪十五年，後得復爵土而澤庇晋疆。及其没也而猶靈，寄山中□□澤神，福蔭千餘年，禱無不應。即鄰邑憂旱，或不憚越山涉水，來禱於兹……山之神靈也。夫以文子藏而山得名，是文子靈也。乃山能藏文子，而山究未嘗不靈？盖是□層巒削壁，陡絶青霄，幾數百仞者凡三叠：其最上一層，有石龍……天然，其色紅膩，光潤耀人，身高地二尺許，漸繞七八周而蜿蜒，尾細入石罅，俗呼爲拜水□。凡禱雨，既祝文子祠前，必乞靈於是，得神應，此藏山第一奇也。次層爲中幛，有兩崖夾匯爲石池，淵若深潭，幽澗寒冽。疑中有伏龍，人不敢逼視，素號爲龍池。其下第三□，列嶂爲山根，危崖矗起，圍曲處有岩洞空闊，水常下滔，四時不絶，俗名爲滴水岩。凡山之奇，類是者絶少，而又竟莫□其所以靈也。會乾隆十八年，麟川徐公來莅盂，□禱雨立應，得報響文子祠，乃徘徊岩下，仰看飛瀑，俯視靈根，見岩中有巨石突伏，獨居尊象，謂此山聚精結靈，當必在是。爰偕紳士張雲翔、鄭士忠、張郁、張雲瑞、尹倬、鄉□韓以藹、趙廷輔等議修。剔之躅穢滌淖，果得大石孤鬼，□然刻露。高平地五六尺，長可二丈許，狀若龍頭特出。當龍之項，石幔水懸滴注，嚴冬則冰結下亙，如玉柱玲瓏，□水脉隱約自龍池而來。遇驟雨則池水激濤，當岩之前汹沸傾瀉，震響山谷，面對如雲帘雪幙，幙護洞龍。雨細則施練垂岩，如流蘇挂絡，頷下匯爲泉，盈而不溢，若珍貴，□□龍吸納。更從洞旁搜抉窈邃，得爪牙互錯，奇詭萬狀，覺靈府頓開以。是於上洞見龍之尾，中峽匯龍之腹，下洞見龍之頭，一脉綿亙而全龍畢露。而山之靈奇乃□□□□公巨眼卓識不及，此前人未之及也。柳州謂：人之心目，其果有遼絶特殊，而不可至者耶？又謂：造物設是久矣！而□之於今，非公之鑒，不能以獨得，公誠無□柳□□□因是信山能出雲龍，能致雨，結萃於文子以爲靈。而文子之精神命脉，亦早與山之靈、龍之靈相通，故駕……雨生民，而文子之神爲倍靈。然則祝文子□□□□，龍神烏可以不祀？爰石刻龍神像於洞之中，刻山神像於右側，并及祀焉。而且增構巍亭一於當岩之外，嵯峨接勢，以壯其靈。凡石坊、磚檻、天門、磴道、坊砌，悉與□□□□□。人謂是亭：慶甘霖，可當喜雨；賀穀成，可當豐樂；游樂，可當醉翁；飲禊，可當蘭亭。高明游息之具，可擬零陵而不知皆其餘也。公之明於事，神達於理，人登是□，□□□止，不在兹歟。是爲記。

修職郎趙城縣儒學教諭加一級萇池尹弼謹撰。男丁卯科亞魁候銓知縣尹兆熊書丹。□□科武舉兵部效力現任湖廣武昌衛督運守府加一級紀録三次興道村張成功篆額。

文林郎知盂縣事加三級紀録七次麟川徐石峰輸銀廿兩，修職郎署盂縣事加三級紀録九次峨川朱德麟輸銀拾兩。

典史加一級山陰葉芝殿。

鐵筆趙良芳、趙良臣。

乾隆二十年歲次乙亥莫秋中浣之吉勒石。

温泉……竹……

……溫泉河伯源出七星海地水……城溹奔天井河伯……曲……

……縣樂滿渠新水之瀲……閭橋絲於永……恩無端李復碑十村方遠市……源漾之頮土……

……震塌彼天嫭世屈三朝東作方……當初引蓬來城潯我撥半年逾七百……山川屋……

……後我取其餘椽棨功也無妨……新……勢毵低堤塌宛在觀天心存落潺泔簡留時吞八月……人藥道二秋……

……鄉村連天金鼓欽逆歲郭一市希州家葺……名……泉……

……英咀筆神名雜新寧從人……願官難復古原與……心……德……神座……

……道鐐漏終伏神恩伏顧歲歲仲蒼用鹿民田以悵我上……年六月思……神……

……可禱於鬼神會者已感其來望神像以致祭土忻其至大……行祠以覼迎……見

……樂備禮明泰仙源兮汩汩人和神悅歌聖澤兮洋洋謹記……

勅封文林郎知山西平陽府曲沃縣事湘潭張……

大清乾隆二十一年歲次丙子季秋月……五日……

404. 溫泉龍神行宮記

立石年代：清乾隆二十一年（1756 年）
原石尺寸：高 113 厘米，寬 52 厘米
石存地點：臨汾市曲沃縣史村鎮西海村龍王廟

〔碑額〕：永垂

溫泉龍神行宮記

恭惟海水龍神，溫泉河伯，源出七星海，地本翼城，流奔天井河，行由曲沃。唐興水利，崔翳開新絳於永□；宋息爭端，李復歸十村於嘉祐。□萬斛源泉之傾一縣，樂滿渠新水之溉連郊。第當初引渠來城，澤我璜泮，年逾七百，而厥後山川屢震，壞彼天橋，世歷三朝。東作方興，獨蔭千家麥浪；西成將屆，惟滋百頃糧田。相地勢高低，堤塍宛在；觀天心存廢，溝洫猶留。時當八月以還，人弃諸墼，爰自三秋，而後我取其餘，於農功也無妨。與城邑以生色，恢千古之創典，復百年之舊貌。慶洽鄉村，連天金鼓；歡迎城郭，一市香烟。家家盡汲名泉，飲和食德；户户分沾泮藻，含英咀華。神若維新，聿從人願；官雖復古，原契士心。然障迴川瀾，仰求德澤；補葺罅漏，終仗神恩。伏願歲歲仲春，用溉民田，以穀我士女；年年八月，思□泮水，可薦於鬼神。今者民感其來，塑神像以致祭；士忻其至，大行祠以躬迎。將見樂備禮明，奏仙源兮汨汨；人和神悅，歌聖澤兮洋洋。謹記。

敕封文林郎知山西平陽府曲沃縣事湘潭張坊薰沐撰文，禮典樊中□書丹。

大清乾隆二十一年歲次丙子季秋月望五日穀旦。

靈文

雍正拾年桂林坊渠長衞生王

乾隆貳拾壹年桂林坊渠長衞 書

渠司武際文

水巡張星照

三坊李春瑞

王大烈

渠司李耀瑞

三坊王太樣

水巡李全武

衞珠亮

趙全

水巡

張孝

柴村
李生春

高迁元

住持僧人祖詔
黃閣政

柴村衞成奇
李生有
高玄承

圭成貴
高榮賢

405. 桂林坊渠長碑

立石年代：清乾隆二十一年（1756 年）
原石尺寸：高 128 厘米，寬 62 厘米
石存地點：臨汾市洪洞縣廣勝寺鎮廣勝寺

〔碑額〕：垂久

雍正拾年桂林坊渠長衛生玉，渠司武際文，水巡張星照，柴村李成貴、衛成奇、李生有、高丕承，三坊高荣賢、李養瑞、王大烈。

乾隆貳拾壹年桂林坊渠長衛善，渠司李耀瑞，水巡李全武，三坊衛明亮、王大祥、趙全，柴村張孝、李生春、高廷元、賈問政。

住持僧人祖誼。

重修臺駘廟碑記

汾發源於管涔蜿蜒千餘里而經吾邑夫岸鄉村以百數而茲村獨以臺神得名左傳晉平公疾卜曰實沈臺駘為祟咸向以問子產子產曰實沈參神也臺

駘汾神也昔金天氏有裔子曰昧為玄冥師生允格臺駘能業其官宣汾洮障大澤帝用嘉之封諸汾川抑業二者不及君身平公之卜叔向之問子產之對而廟之建為確始於吾邑

注云汾水又經絳縣故城北寰宇記載曲沃廟建於晉都絳時即古之新田漢絳縣地今由平公之卜叔向之問子產之對而觀之則廟之建為確始於吾鄉

斷創自平公時無疑也故有城壖以護其廟規制甚為宏廠唐令狐楚有所撰碑文在汾陽縣臺駘神廟殆神有保護汾水之功因得隨地建祠祀之豈吾鄉

之廟自漢唐以來時為修葺算金元之際亦莫宏規已失斷碣猶存蔓草荒蕪遺目擊情形寔茲感

歎美神以金天之裔佐宣汾洮如蓐黃帝雖未能世守其祀而范三晉之區慶食澤安流不驚誰能已於兵燹宏規之賜也朱錫鬯大史詩曰分野拊參焉摻次山川冀禹夫

以功在禹甸而廟貌何誰始報水土之德耳乙亥之春我邑侯湘潭張公適奉上清查古昔聖賢祠墓遂稽古核寔以報事矣其慕賢尨材也幾及二千金

民塑沈如蓐黃四侯以配神蓐刻朱竹垞先生詩章以潤澤古蹟而鄉民荷神之麻感公之誠乃有以奮厥謀蹄躍而從事焉於是謂者莫不周散有私

而我公倡導之不妥者更之墻垣之推把者築之甍之棟宇之朽敗者植之新之增其廊廡更其門屏崇其堂宇煥然生色而蔚然改觀於是調者莫不肅然起敬

凡所以凜神明而體公志也柳嘗聞前朝當晉神嘉潤侯號而醫家言廟產菌陳香烈異他鄉明志又有山名翠金之誠居人往拾小翠石片五色陸離其

芭頌我公倡導之功於不朽是後也經始於兩子仲春竣事於明年之季秋歷時一歲有奇而大功圓已成焉時則主理分任各勤厥職錙銖毫末周散有私

原·草木獨殊他震豈非神之奇異歟此若有靈焉光之者志濂比鄰神鄉讀禮家居於其竣也因記其顛末如此

任刑部山東清吏司員外郎加三級邑人裴志濂薰沐拜譔

本村曲沃縣學生員王瀾薰沐書丹

曲沃縣歲貢生李聯登

乾隆二十二年歲次丁丑季秋穀旦　額

406. 重修臺駘廟碑記

立石年代：清乾隆二十二年（1757 年）
原石尺寸：高 170 厘米，寬 71 厘米
石存地點：臨汾市侯馬市高村鄉西臺神村臺駘廟

重修臺駘廟碑記

汾發源於管涔，蜿蜒千餘里而經吾邑，夾岸鄉村以百數，而茲村獨以臺神得名。《左傳》：晋平公疾，卜曰："實沈、臺駘爲祟。"叔向以問子産，子産曰："實沈参神也，臺駘汾神也。昔金天氏有裔子曰昧，爲玄冥師，生允格、臺駘。臺駘能業其官，宣汾、洮，障大澤，帝用嘉之，封諸汾川。抑此二者，不及君身。"平公稱爲博物君子。《水經注》云："汾水又經絳縣故城北。"《寰宇記》載，曲沃廟建於晋都絳時，即古之新田，漢絳縣地。今由平公之卜、叔向之問、子産之對而觀之，則廟之建爲確始於吾邑，斷創自平公時，無疑也。故有城墺以護其廟，規制甚爲宏廠，唐令狐楚有所撰碑文，在汾陽縣臺駘神廟。殆神有保護汾水之功，因得隨地建祠祀之與。吾鄉之廟，自漢唐以來，時爲修葺，金元之際奉敕興修者不一，前明亦時有修舉。然圮於火，毀於兵燹，宏規已失，斷碣猶存，蔓草荒蕪，淒其零落，目擊情形，實兹感嘆矣！神以金天之裔，佐宣此河，沈、姒、蓐、黄，雖未能世守其祀，而茫茫三晋之區，聚處食澤，安流不驚，誰之賜也！朱錫邑《太史詩》曰："分野捫参次，山川奠禹先。"夫以功在禹先者，而"唐風誰始祀，魯史至今傳"。春秋古廟典胡缺耶！向者，鄉先民曾迹舊址而重修之，并殿后土之神，歲時隆報享焉。揆諸望祀封內山川之義，猶擬於僭，顧編氓何知？惟知報水土之德耳。乙亥之春，我邑侯湘潭張公，適奉上清查古昔聖賢祠墓，遂稽古核實以報。且傳集一鄉父老，肅容而告之。教民塑沈、姒、蓐、黄四侯，以配神享。刻朱竹垞先生詩章，以潤澤古迹。而鄉民荷神之庥，感公之誠，乃有以奮厥謀，胥踴躍而從事矣。其募資庀材也，幾及二千金。舉神位之不妥者更之，墙垣之摧圮者築之、葺之，棟宇之朽敗者植之、新之。增其廊廡，更其門屏，崇其堂宇，焕然生色而蔚然改觀。於是，謁者莫不肅然起敬，而頌我公倡導之功於不朽。是役也，經始於丙子仲春，竣事於明年之季秋，歷時一歲有奇，而大功固已成焉。時則主理分任，各勤厥職，錙銖毫末，罔敢有私。凡所以稟神明而體公志也。抑嘗聞前朝當晋神"嘉潤侯"號。而醫家言，廟産茵陳，香烈異他處。明志又有山名翠金之説，居人往拾小翠石片，五色陸離，其花石草木獨殊他處，此非神之奇異歟！宜其成功之速，亦若有靈焉。憑之者志濂，比鄰神鄉，讀禮家居，於其竣也，因記其顛末如此。

原任刑部山東清吏司員外郎加三級邑人裴志濂薰沐拜撰，本村曲沃縣學生員王灝書丹，曲沃縣歲貢生李聯登篆額。

乾隆二十二年歲次丁丑季秋穀旦。

乾隆戊寅中秋

曲沃縣知縣湘潭張□□立

汾隄流雲

407. 汾隰流雲碑

立石年代：清乾隆二十三年（1758年）
原石尺寸：高173厘米，寬74.5厘米
石存地點：臨汾市侯馬市高村鄉西臺神村臺駘廟

汾隰流雲。
曲沃縣知縣湘潭張坊立。
乾隆戊寅中秋。

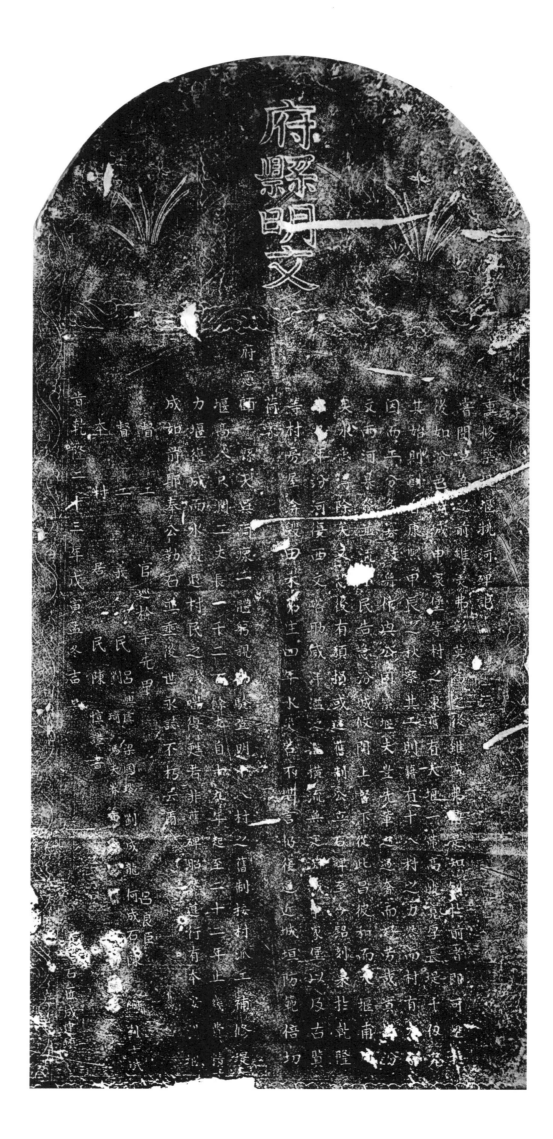

408. 重修築堤堰挑河碑記

立石年代：清乾隆二十三年（1758年）

原石尺寸：高129厘米，寬61厘米

石存地點：呂梁市汾陽市肖家莊鎮潴城村

〔碑額〕：府縣明文

重修築堤堰挑河碑記

　　嘗聞莫爲之前，雖美弗彰，莫爲之後，雖盛弗傳。是知創於前者，即可繼於後。如汾邑潴城、申家堡等村之東，舊有大堰一帶，高峻寬厚，長堤千仞。究其始，則創自康熙甲辰之秋；察其工，則籍有十八村之力。然而村有□□，因而工分多寡，鼓舞作興，公同築堰。夫豈先輩之過奢而好劳哉？實□汾文兩河暴發并流，□民告急，汾城攸關，上督下從，此昌彼和而矣。堰甫成矣，水患得除矣。又恐後有頹損，或違舊制，公立石碑，至今銘刻。果於乾隆□□年，汾河復西，文峪助威，洋溢泛濫，橫流無定。潴城、申家堡以及古賢等村房屋潚毀，田禾弗生，四年水災，苦不堪言。仍復逼近城垣，防範倍切。荷蒙府憲顧、縣天吳痌瘝一體，躬親勘驗，查明十八村之舊制。按村抓工，補修堤堰，高八尺，闊二丈，長一千二百餘丈。自十九年起，至二十二年止。幾費積力，堰復成而水復退，村民之殘喘復蘇。若非舊碑昭然，遵行有本，安得堰成如前耶？奉公勒石，并垂後世，永誌不朽云爾。

　　本村居民陳恒謹書。

　　督工官巡檢辛先甲，督工義民呂興虞、劉琦、梁國琰、馮天眷、劉成龍、呂良臣、何成石、陳綱、劉士斌等。

　　石匠成建鎮。

　　時乾隆二十三年戊寅孟冬吉旦。

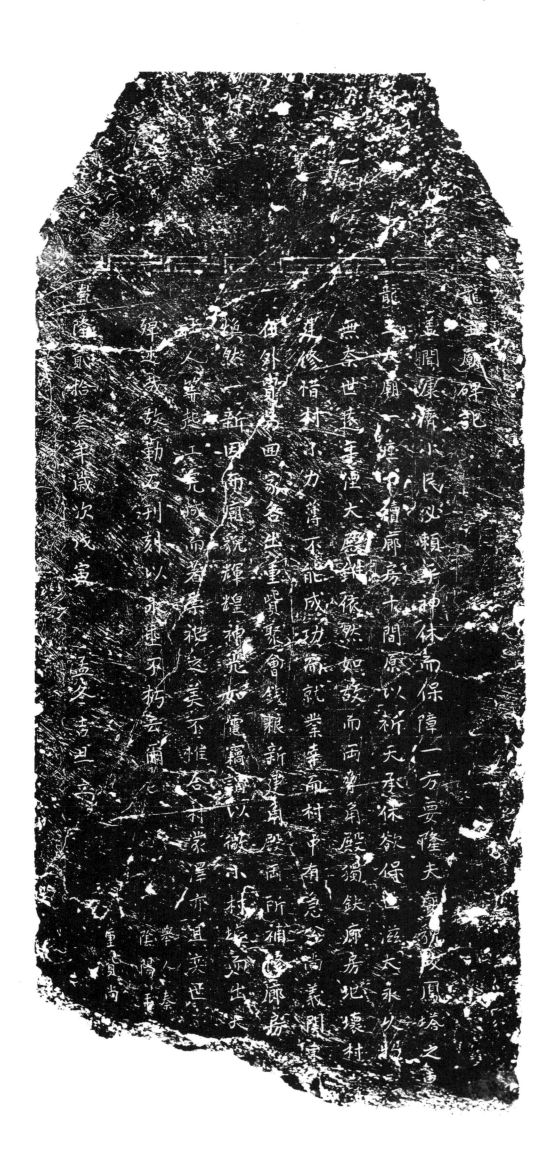

龍王廟碑記

龍王廟自國朝年間屢濛水民必賴乎神休而保障一方要隆夫寶號改鳳塔之其大廟一鐘内續廊房十間願以新天乎休欲保鐵廊房地壞村無奈世遠年淹重渲大園鎖依然如故而兩身角殿獨滋太永鳳村其修惜村小力等不能成功帛就業秦而村中有急令尚義鳳房村合村外費房回家各出重賢聚會錢粮新建殿活所補修廊房與人等起成故勤石刊刻以水遠不坊云爾各村蒙澤亦且奕世人巴奉一新而廟貌輝煌神光如電竈蠶以微永村坡頻生天重賣尚崔陽吉

乾隆貳拾叁年歲次戊寅孟�吉旦

409. 龍王廟碑記

立石年代：清乾隆二十三年（1758 年）

原石尺寸：高 137 厘米，寬 61 厘米

石存地點：長治市壺關縣龍泉鎮董家坡村

龍王廟碑記

盖聞康濟小民，必賴乎神休，而保障一方，要隆夫廟貌。故鳳塔之惠……龍王大廟一座，□續廊房十間，原以祈天承休，欲保世滋大永久，物……無奈世遠年湮，大殿雖依然如故，而兩脅角殿獨缺，廊房圮壞，村……建修。惜村小力薄，不能成功而就業。幸而村中有急公尚義，關東……在外貿易回家，各出重資，聚會錢粮，新建角殿兩所，補修廊房……煥然一新，因而廟貌輝煌，神光如電。竊謂以微小村墟而出大……社人等，起工完成而著崇祀之美，不惟合村蒙澤，亦且奕世……殫述哉。故勒石刊刻，以永垂不朽云爾。

舉人秦□□，陰陽王□□，重資尚……

乾隆貳拾叁年歲次戊寅孟冬吉旦立。

水北村重修永固橋記

410. 水北村重修永固橋記

立石年代：清乾隆二十四年（1759 年）

原石尺寸：高 150 厘米，寬 90 厘米

石存地點：晉城市澤州縣金村鎮水北村

水北村重修永固橋記

澤踞太行之巔，十九皆山，非東南澤國比，似不必急急於跨虹爲梁、象月爲橋也。然而丹流漳水，北發南注，春霖秋潦，溪盈谷溢，往往爲沿河居人患。咫尺天涯，普渡無由，橋顧不重乎哉？乾隆辛未仲夏，余于役江南，即聞澤郡大被水患。癸酉秋，秉鐸是邦，得與其鄉之賢士大夫游，間或以公事馳驅東北諸村落間，前此山濤洶涌之狀，橋梁衝嚙之形，得之耳聞目睹者盖詳。己卯仲春，郡城東水北村友人陳君顯謨以其鄉之重修永固橋也，將載歲月、第功庸，乃述顛末，乞言於余。余惟柳州有言："賢者之興而愚者之廢，廢而復之爲是，習而循之爲非，此在恒人，且猶知之。然而復其事固非賢者不能也。今永固橋之建，考其所由興，自康熙丙戌春□□□公始；考其所由廢，自乾隆辛未夏澤被水患始也。水環村之南，橋峙村之西，水有建瓴之勢，橋當下游之衝。當水發時，不行而立，陡逾一仞，嚙其西北，而東南、西南以次圯焉，碑亭埡埧隨勢頹焉。懸崖峻溝，十步百險，盛夏驟雨，窮冬密雪，深渥堅冰，相輔爲害。徒者興者、往者來者，顛踣騰藉，相顧咨嗟。余聞是鄉人士率多好義，而習而循之八年於茲，殆將待賢者而復興也。顯謨陳君以俊才□□□序，見重鄉曲，一切排難事，鄉人士咸秉成焉，況茲義舉，其誰不跂而望之？且陳君固即崑琦公之孫婿也，作之述之，得諸見聞者，不尤親切歟！顧陳君以孝養其親，摒擋家務，往來晉豫，殊未遑也。"歲戊寅，酒翁鄉介賓從周陳公呼而謂之曰："古人爲善，惟曰不足。茲橋之宜復久矣，子精力爲鄉所推，盍相其急而爲之乎？"陳君唯唯聽命，乃合好義之衆，集舉擎之力，伐山崖之石，鳩陶埴之工。既備既具，稱畚略基，量工命日，增卑倍薄，撤故飾新。鞏三面之橋于中，闢八尺之路于西，竣出入一里之門于南，敞上下十間之亭于北；繚以插天之墻，砌以集錦之壁，漬之丹堊，采［彩］有青藻，飛革苞茂，煌煌壯而麗矣。懼往過來續者之玩今忘古也，顏"韓營"於里門之外；冀父老子弟之觸目知警也，額"忍耐"於里門之內。其經始也，爲乾隆二十三年九月二十二日；其落成也，爲乾隆二十四年四月初一日。陳君之克承父訓，經營措置，與夫耆衆之竭□致力，惟恐或後者，何其賢而蜜，勒而速也！既成以宴，歡極而賀。憑欄俯眺，則丹水瀠洄，委蛇環抱；遥望太行、王屋、砥柱、析城諸山，浮清疊翠，若屏障之對列。信乎澤郡之巨觀，不朽之盛事矣！余嘉其事而思久其道，乃紀其實，凡鄉友之勤勞於斯役者，并書諸石，以誌不忘，且垂來茲。陳翁諱以先，字從周；陳君□□□，顯謨其字云。

文林郎揀選知縣管鳳台縣教諭事舉人吉州蘭第錫撰文，湖北漢陽府黃陂縣縣丞林炳文書丹。

督理橋工：趙子文、司百川、趙炳、司彥昇、段成龍、□金芳、□瑞章、賀洪登、劉漢翠、趙淑延、劉奇珍、張起鈞、張起積、司萬全、張子云、張子瑞、牛國法、劉漢亭、李繼唐、司彥博、劉都、劉强、趙鈞、張裕祥、張元福、張裕生、張大印、趙銓、司六行、劉裕禄、劉向儒、司文燦、陳裕寶、陳燿基。

住持僧：寂壘、張漢臣、段發春。玉工：李發春。

乾隆二十四年歲次己卯四月初一日穀旦。

黄河流域水利碑刻集成·山西卷 四

411. 建修龍王廟碑記

立石年代：清乾隆二十四年（1759年）

原石尺寸：高107厘米，寬53厘米

石存地點：呂梁市孝義市杜村鄉柳窊村龍王廟

〔碑額〕：垂世不朽

建修龍王廟碑記

粵自□□□易，爻母已衰，乾坤退位，長子方壯，震巽乘權，天下事大率尔。惟我龍神亦然。龍神之位靈昭昭也，水□□潤草木皆其所賜。迩年來每每荒旱，迨癸丑年自春訖夏又連月不雨，爻老禱祝無應。五月廿八日，張天喜兒等十数童子特請童子龍王祝之。廿八日即雨。里人崔乃林、張得礼、王榮共議創建童子龍王廟，與風伯、雨師并尊。六月初二日議定，又雨。里人靈之，遂鳩工庀役。初四日大雨澤尺，人莫不歡欣行舞，共訝神奇。是豈神之老者衰謝，壯者用事，亦知乾坤退位，震巽乘權，故每祝輒應有如是耶。凡我柳窊村人民，莫不欣然歌舞，共訝靈奇。爰誌於石，以垂不朽云。

張宗周敬撰。田廣余敬書。

經理糾首：楊志、孔少禹、王宝富、張得礼、崔乃林、成有福、張得智、師應合、胡錫成。

鐵筆手高殿麟敬刊。

大清乾隆歲次乙卯冬十月穀旦。

412. 永護泉眼碑記

立石年代：清乾隆二十五年（1760年）
原石尺寸：高192厘米，寬76厘米
石存地點：運城市新絳縣三泉鎮席村

〔碑額〕：永護泉源碑記

九原一山實爲泉源發脉，蓋山澤通氣乃天地自然之理。誌載，以有限之□，供無限之取，則泉之涸也，可立而待也。有識者不無杞人之憂焉。詎遭鼓堆庄屢屢偷鑿石塊，貨賣銀錢，侵占山基，於雍正七年間，奉前任李天嚴行禁止在案。今復有席大才等，愍不畏法，仍蹈前轍，於乾隆二十一年間，被東八西七庄江汝淋、程世□、衛紹武、閆廷琇、丁瓚、常瑾、姚良士、衛天桂、席增平、陳丕烈、李正興、張道行、孫文達、周林瑞、常足達、王志謙、王德政、趙文淵、孫□立、孟繼先、盧開宗、高重娃、王通義、馮紀文、景秀皇、金林等具控，張天勘驗審斷，各具永不取石占山遵依。恐年遠無考，刊□石，□垂不朽。

本年十一月初八日，審明立斷，官山不應私賣，況□村修理門楼、文清廟，何□□□施之銀，作爲地價，著將所占各山地追出，不許建盖。

本年十二月初十日，又奉審立斷，公直薛永泉竟敢私賣石於他村，更属不法□□不枉，仍追石價。

具遵依人武生薛懷第，今遵依到太老爺案下，永不私占官山，遵依是實。

具遵依人監生薛之□，今遵依到太老爺案下，有江汝淋控鑿石占山一案。蒙面，□永不鑿石。遵依在生，并未占官地，願具遵依，永不鑿取官石，如有過犯，願甘承罪，遵依是實。

具遵依人薛紹瑄，今遵依到太老爺案下，永不占官地建盖，遵依是實。俱蒙批，附卷。

具告狀人席大才，今結到太老爺案下，有東八西七庄控□的占官山一案。蒙斷，已建立北房三間，东房三間，西房六間。□間南北長一十三杆二尺，東西活八杆三尺，計地四分八厘，再不敢額外侵占。再額外侵占，願甘承罪。不敢冒結，所結是實。

乾隆二十五年，因席大才白占官山，復控到案。五月初六日，當堂責懲立斷。席大才□□官山一案，本應拆毀，姑念成功不毀，斷令每年出租資銀三錢，以作鼓堆娘娘廟燈油之費。蒙批姑准結，再敢侵占，定□□處。

立合同私約人：東八西七庄江汝淋、程世通等因席大才侵占鼓堆官山一案，訟經州主張太老爺，於乾隆二十五年五月初六日審斷，據供伊侵占官山基四分八厘，不諱蒙硃讅，席大才侵占官□□□，本應拆毀，姑念成功不毀，斷令每年出租資銀三錢，以爲鼓堆娘娘廟燈油之費。但東八庄向在鼓堆廟□□□，報□西七庄歷在新廟告祭，所斷租銀應兩股分開，將一半交東八庄入鼓堆娘娘，一半歸西七庄□新□□□廟，以作燈油公用。誠恐年遠湮没，寫立合同二張，各執一紙，永爲存照。

立合約人：東八庄江汝淋、西七庄程世通。

中人：工房段甫新，原差安榮。

東八西七庄：王楚□、監生趙文淵、吏員□瑾、丁瓚、吏員閆廷琇、衛紹武、席增平、陳丕烈、□志謙、□雲鳳、□□政、□□□、王通義、孟繼先、生員姚良士、衛天桂、監生李正興、張道行、孫文達、常□達、孫世立、馮紀、文景秀、周林瑞、王相輔、□金林、柴□華、□重娃。

大清乾隆二十五年五月初六日。

清（二）

919

413. 南東村重修龍王廟碣記

立石年代：清乾隆二十五年（1760年）
原石尺寸：高42厘米，寬68厘米
石存地點：臨汾市霍州市辛置鎮南東村龍王廟

〔碑額〕：日月呈在

　　夫龍王廟者，其創自先代，遠不可考矣。於康熙庚午之歲重修焉，庚子又重修焉。今者椽折瓦解，聖象幾暴露，意欲修葺，巧婦術虧。爰是請會拔銀，以爲金妝聖像、墍茨丹膜之資。會起於乾隆己卯，功成於乾隆庚辰。告竣之日，勒碑以誌芳名，意异哉。古者二十年爲一世，今其廟前後重新大約三十年，人爲之乎？盖其中有天焉。以是而知龍之爲靈盖昭昭也。是爲序。

　　儒学廩膳生员武體元撰并書。

　　（以下總管、分首姓名略而不録）

大清乾隆二十六年□月初四日
三官廟移修碑樓新修石渠一道□□□□
今將施捨布施人名開列于後
計開

414. 梁家莊村三官廟移修牌樓新修石渠碑記

立石年代：清乾隆二十六年（1761 年）
原石尺寸：高 62 厘米，寬 43 厘米
石存地點：晉中市靈石縣翠峰鎮梁家莊村三官廟

三官廟移修牌楼、新修石渠一道，以垂永久。今將施捨布施人名開列于後。

計開：監生王世康施銀貳兩，棧板二□，外施飯銀二錢。施銀壹兩人王之魁，趙發□外施銀二錢，□□□□銀一錢，監生王進璋，生員王世猷，王□，監生王萬選施泊風板四塊，趙廷樑外施飯銀二錢，施銀伍錢人王進佩、王進店，監生王慧、王敏。施銀三錢人王進桂、王進富、王進梧、王進忠、王世謨、王世楷、王進瑞。外施飯銀貳錢趙廷相、趙廷信。施銀貳錢人王進英、□□、王世□、趙有吉。楊天喜施泊風板二塊。施銀一錢人趙繼雲。外施銀珠銀伍分喬金、趙繼唐、趙繼順、王世顯、趙廷選……

大清乾隆二十六年三月初四日。

清（二）

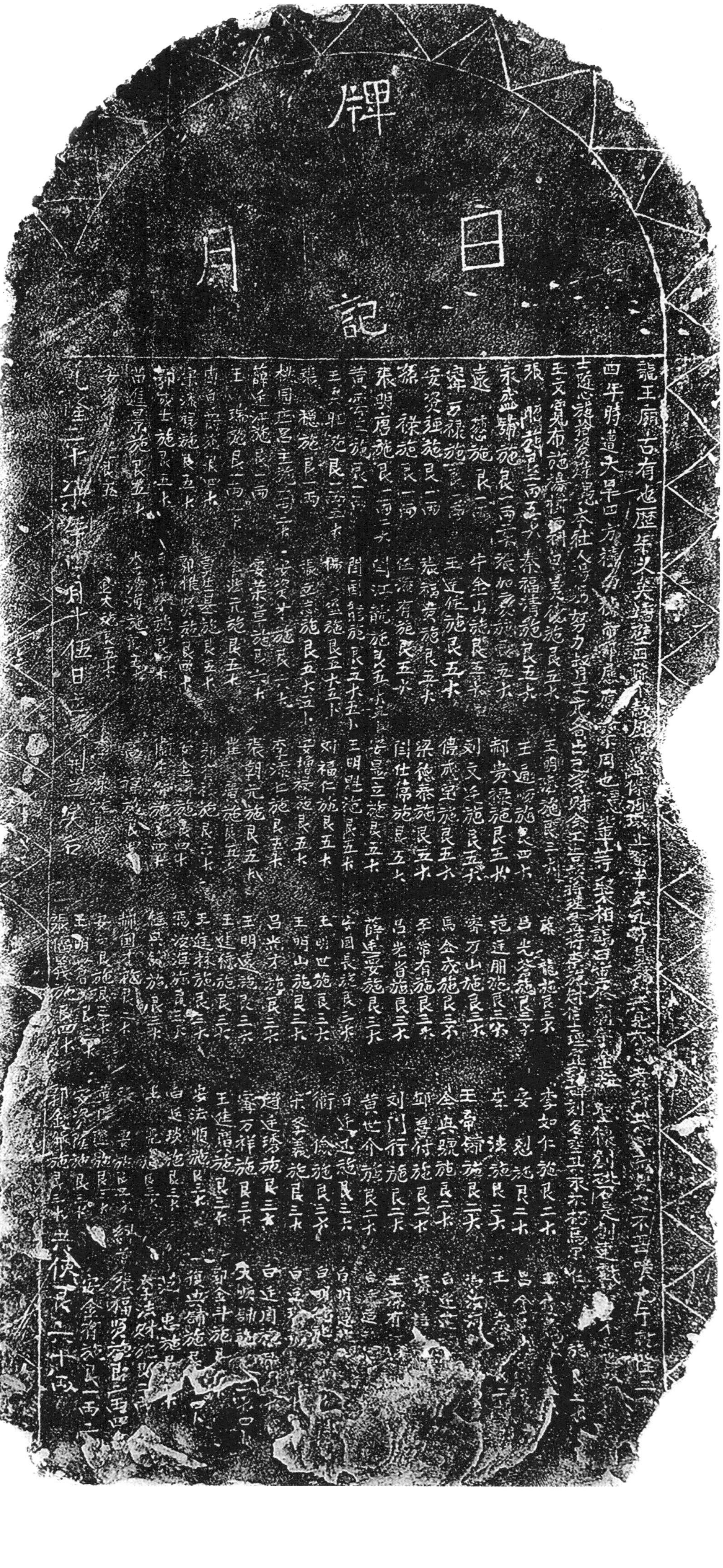
碑
日月
記

415. 日月牌記

立石年代：清乾隆二十七年（1762年）
原石尺寸：高130厘米，寬60厘米
石存地點：臨汾市安澤縣冀氏鎮溝口村

〔碑額〕：牌記　　日　月

龍王廟古有也，歷年久矣，墙壁四□，不蔽風雨，□像倒壞，止……目□□共見有心者□共而□發之不甚□也。于乾隆二十四年，時遭大旱，四方禱□□而□應□□不周也。愚輩等聚相議曰："重修廟宇，金妝聖像，創□石是創連戲……士隨心施捨資材。"愚本社人竭躬努力，督工□各出己資材。今工告竣，將理□將□施材信士，理宜勒碑刻名，其求不朽焉。

任□施錢二錢、王文寬布施楊樹□□、田美德施錢五錢、王明忠施錢三錢、□龍施錢三錢、李如仁施錢二錢、張招施錢二兩五錢、秦福清施錢五錢、王通順施錢四錢、吕光□施錢三錢、安烈施錢二錢、宋盛□施錢一兩二錢、張加慶施錢五錢、郝貴禄施錢五錢、□萬山施錢三錢、王帝□施錢三錢、李法施錢二錢、□萬禄施錢一兩、王廷柱施錢五錢、傅成實施錢五錢、馬金城施錢三十全號施錢二錢、安資强施錢一兩、張福貴施錢五錢、梁德泰施錢五錢、李常有施錢三錢、□善材施錢二錢、孫禄施錢一兩、任溢有施錢五錢、閏仕□施錢五錢、吕光□施錢三錢、刘□行施錢二錢、張明唐施錢一兩二錢、閏□龍氏銀五十五、安顯立施錢五錢、薛庭江施一兩、安榮□六錢、張朝元五錢、王明□三錢、□萬祥天順鋪二錢、王瑞一兩二錢、□法元五錢、崔□五錢、王□德三錢、郭□□六錢、王□林六錢、安法順三錢、郭金□□□□、□自爵四錢、賈生基五錢、郭有□六錢、王□德三錢、王□□三錢、□□鋪四錢、宋添禄五錢、郭惟賢四錢、安金科四錢、馬□海三錢、白□□三錢、□忠六錢、郭成士五錢、白□□四錢、衡生□四錢、□典鋪三錢、王亮三錢、季法材二兩、苗□景五錢、李□海五錢、高福四錢、安文錢三錢、黃□□三錢、張福賢一兩二錢、安施□五錢、□金太五錢、李東四錢、王明□三錢、安添隆三錢、安全有一兩二錢、張福義四錢、郭金□三錢，共□銀六十兩。

乾隆二十柒年四月十伍日立。□□開立矣□。

新建龍王堂碑記

（碑額）

大清乾隆二十七年四月二十八日立

416. 重修龍王堂碑記

立石年代：清乾隆二十七年（1762 年）

原石尺寸：高 133 厘米，寬 64 厘米

石存地點：吕梁市柳林縣李家灣鄉王家山村

〔碑額〕：碑額

重修龍王堂碑記。新建神閣二處。

嘗思有創者必有功德，有功德者必有鎸刻。功成名立，勒諸貞珉，昭其制也。昔周公制《周禮》曰："則以□□，□□處事，事以度功。"州治西二十里許，旧有龍王堂一所，内塑龍王神、洞主神，其關於我州之豐歉爲甚切。考之昔日創之者有人、繼之者有人，迨至歷年曾日月之幾何，而此堂不可復睹矣。有功德主于國殿、糾首杜沛寺者……滅亡，與衆共議，勠力同心，復修舊德以追念前勛。而爲之疲精勞神、鳩工庇材者，夫豈誇一時，耀一鄉哉？所以使之爲神所福□而無有怨痛，於我州乃爲衆社之公，實非一家之私也。於是高其閈閎、厚其墻垣、增其舊制。百廢俱興，雖不至於輪奂□□美，然較勝於風雨之不蔽也。厥功告竣，求序於余。余以爲是堂之修也，心之誠也，德之大也；是石之勒也，謀之久也，□□速也。至於堂之由來、神之效靈，前人之述備矣，豈敢復贅一辞哉？余嘗登堂之地，覽堂之形，樂堂之成而誌之也。是爲序。

郡庠生于國士薰沐撰併書。

誥授中憲大夫知廣東廉州府事加三級紀録三十八次于大梃。

功德主：于國殿，偕弟國至、國埕、國逵，侄西金、西玢、西庚、西玵、西珩。孫懷寬、懷信。馮元，偕男大榮、大華。白士海，偕男大會、大意、大勇、大進。郭九經，偕侄環、英、俊，孫開門兒。刘文勢，偕男秉玉、秉玜。

經理糾首：杜沛，偕弟潼、汪江，男豫柳、豫梅、豫檀、豫校，侄豫模、豫樸。馮廷璧，偕弟廷玠，男朝金、朝玉。監生喬中元，妻李氏。梁繼周，妻王氏，男慶魁、慶元、慶士，孫重仁、重義。張大命。

各村糾首：梁伏寧，偕孫進元。廩生杜九卿、王嘉。高盛，偕男永成、永就。杜生仁、生義、生礼。楊廷佐，男振通。于國輔、仵守才、于文生、于國柱、閆彪、于大梧、生員賀成廉、王元勛、賀今迁、杜承金、杜大琦、杜理、杜汾、杜洄、杜綱、張伏仁、杜治、杜漣、杜浮、楊永庫、于文堂、于文傑、付尚志、柳湖林、成雲才、安命才、崔經貞、李廷紹、安萬朋、高維新、張璠、閆大玺、楊保、楊永夏、高涇、任寧、任文隆、喬雲際、喬玨、喬岩、馮模、喬堯、喬國安、姜其惠、喬國柄、喬信、馮正才、馮廷保、吉存仁、郭達、崔世法、于大樹、王斌、喬永義、喬械、喬桂、梁茂福、李含玉、梁廷世、梁茂勤。

南溝糾首：高之遷、高如照、成振修、刘應治、李廷法、楊天培。

泥匠：高月。丹青：刘如漢、如福。石匠：胡江。木匠：任學智。

住持：胡海才。比丘：普潤，徒通隆。

經理僧：心註，徒元秀。比丘通修、心論，徒□□。心註、通如、通正，釋子心□、慧佺。

乾隆二十六年十一月十六日，新與神前置到王家山坡地共五十九堆，價銀五十三兩，銀柒錢捌分五厘，加攤在外。契存源璘處。

大清乾隆二十七年四月二十八日立。

星帝萬歲

重修龍王殿并建兩廊樂樓碑記

蓋聞人得所宅則君之安神得所依則錫之祜

士民靡不瞻仰馬向特有正位而無兩楹又多歷年所以致風雨漂搖吾鄉善士目

但苦修葺無資雖心百餘而力未逮耳然于乾隆二十七年信士和氏炎行此殿宇

卜日鳩工重修龍王殿新建兩楹并建樂樓不數月而聿觀厥成矣行此殿宇植新奎

者龍宮也丹楹刻桷星列燦然者兩廟也鳥革翬飛神聽和平者樂樓也闕斯孔安錫茲祉福者其在斯乎工既告

順風詞俱于是乎卜之矣古語云古廟貌是若寢成孔安錫茲祉福者其在斯乎工既告

竣爰序數言以垂不朽云

大清乾隆歲次壬午年辛亥月吉日

417. 重修龍王殿并建兩廊樂樓碑記

立石年代：清乾隆二十七年（1762 年）
原石尺寸：高 122 厘米，寬 54 厘米
石存地點：太原市古交市鎮城底鎮山頭村龍王廟

〔碑額〕：皇帝萬歲

重修龍王殿并建兩廊樂楼碑記

盖聞人得所宅，則居之安；神得所依，則錫之祉。神道雖遠，必有栖托之區。廟者神靈之所栖托也，繕完必時，丹雘必備，固其宜也。吾山頭村龍王廟由來舊矣，威靈顯赫，禱雨必應，村中士民靡不瞻仰焉。向特有正位而無兩楹，又多歷年所，以致風雨漂搖。吾鄉善士目擊心傷久矣，但苦修葺無資，雖心有餘而力未逮耳。兹于乾隆二十七年，信士郝成英等會集同志，募化捐資，卜日鳩工，重修龍王殿，新建兩楹，并建樂楼，不數月而聿觀厥成矣。行見殿宇維新，金碧輝煌者龍宮也；丹楹黝堊，星列燦然者兩廊也；鳥革翬飛，神聽和平者樂楼也。嗣是時和年稔，雨順風調，俱于是乎卜之矣。古語云："廟貌是若，寝成孔安。"錫兹祉福者，其在斯乎！其在斯乎！工既告竣，爰序數言，以誌不朽云。

本邑廩生田翼成撰，本村處士郝成德書。

糾首……

石匠：張懷定、侄男張大魁、張大來。木匠：苗福、周三縣，各施銀伍錢。泥匠：郝成寶，施銀伍錢。畫匠：弓玉會、男弓成英，施銀伍錢。瓦匠：閆開庫，施銀肆錢。鐵匠：閆必進，施銀叁錢。

大清乾隆歲次壬午年辛亥月吉日。

重修源神廟碑記

大清乾隆貳拾七年十一月

418. 重修源神廟碑記

立石年代：清乾隆二十七年（1762年）

原石尺寸：高198厘米，寬75厘米

石存地點：晋中市介休市源神廟

重修源神廟碑記

在昔，神禹治水之功賴及萬方，奚止一鄉一邑哉！然即一鄉一邑，而大聖人疏鑿溝洫之奇，亦有不可測識者。考之《書》"治梁及岐"，又曰"狐岐之山，勝水出焉"，則禹之治水，斷始狐岐無疑矣。山之拗拆處有源神廟，所以尚禹功也，而必及堯舜者，不敢忘所自也。上爲大殿五楹，兩廡列齋房、道室各數間，下有享堂、樂楼，楼懸洞門一座。自階以下地頗平衍，有泉百餘竇，甃石爲大池，旁通一渠逾嶺上，溉山田百十頃，謂之上嶺水。溯池流而下，直地分水處堰爲三河，其中西二河道顯夷，水勢潺湲，無足异；獨東河猥山掘穴，望之黯然而黑，窈然而深，潜行嶺底中約三四里，從山後峪口涌出，即今所云宅則眼是也。歷數千百年不騫不崩，神工鬼斧之奇，真令人有不可思意者。方信導河積石，劈雷首，鑿龍門，下底柱，良不虛也。四河縱橫，灌田幾四十里，介邑百萬生齒之泉，咸取給焉。固地之靈，非神之功歟！茲三月三日，分府水利德、邑侯葉躬率吏民，瞻拜宇下，瞥見屋瓦頹毀，金妝剥落，色然而駭者久之。召四河渠長而論之曰："烏有世資其利而漫厥神如是耶？亟新之，罔有斁。"於是士庶樂從，督工興役，越數月而告竣。雖規爲仍其舊制，而增飾又有加焉。將勒石，邀余作誌。余既重所請，夙慕斯地名勝，謹誌。

陝西綏德州義合鎮候銓訓導劉必元拜撰，東河武屯村張廷柱沐手頓書。

汾州清軍總捕分府德太老爺捐銀四十兩，介休縣正堂葉老爺捐銀二十兩，介休縣督捕廳李老爺捐銀四兩，洪山村監生張永盛施銀一百一十兩。

洪山狐村河水老人經歷宋敷瑞、任朝俊、張映良，東河水老人監生□□□、張廷柱，中河水老人監生董泮、程漢臣，西河水老人任應文、王維利。

糾首恩榮宋正福、朱生輝、生員張憲孔、任帝武，糾首貢生張大筠、王松年、監生鈕晁、張景英、王之方、李憲生、王起安，糾首康琜、郭玉舜、吳世朝、怡園溫公明，糾首溫富起、生員侯職修、劉旺、閆汝旼。

大清乾隆二十七年十一月二日四河公立。

419. 北石明租渠合同誌

立石年代：清乾隆二十八年（1763年）
原石尺寸：高116厘米，寬70厘米
石存地點：臨汾市洪洞縣堤村鄉乾河村净石宫

〔碑額〕：萬世永頼

永垂北石明租渠合同誌

立合同人趙城縣石明村渠長秦思聰，因爲歷年久遠，渠現租約無憑，以致興詞爭訟。今蒙府憲徐太老爺恩斷復照舊規，面諭趙、汾兩邑典吏，定限每年正月貳拾壹日，隨帶北石明村渠長親赴乾河村傳諭渠長人等：將應收渠租銀伍兩零玖分叁厘定爲八折，扣錢肆千零柒拾肆文；又席貳桌，折銀壹兩貳錢，亦按八折，扣錢玖百陸拾文。着兩造渠長公辦酒食。凡遇修堤築堰，仍照舊規，北石明、南石明、師家庄三村人等興夫。乾河村不興工，渠水隨便使用，依舊規澆灌。令汾、趙渠長人等俱遵照公同講明。嗣後永不混爭，以爲長久和好。餘外有租約叁張，係南北石明，師家庄渠長親付乾河村。各地主不在伍兩零并酒席銀数之内。欲後有憑，立合存照。

郡庠生馬乘龍録。

立合同：石明村渠長秦思聰□。

本年本社渠長李□白、李友□所立合同存於北石明村。

逐名□□□杆錢数、人等詳碑陰。

乾隆貳拾捌年玖月貳拾貳日。

420. 宮西穿井碑記

立石年代：清乾隆二十九年（1764年）
原石尺寸：高190厘米，寬62厘米
石存地點：晉城市澤州縣北義城鎮岸則村

〔碑額〕：永垂不朽

宮西穿井碑記

從來邀福聽於鬼神，而食養必資水火，故立廟祀神自古不廢，通泉鑿井尤不容緩也。

此地自乾隆八年創建聚仙宮一所，危墻峻宇，背山臨水，頗盛觀也，亦既祈福有常所矣。宮西□有井一穿，一鄉之汲水在焉。井少人衆，本難給用，且歷年久而壅塞又甚，每當彼蒼微旱而水益缺。汲水者接踵環集，或爭先後而起釁，或睹泥滓而興悲。心燈等睹此情形，夙有穿□之意而未遂。今年夏，謀及一鄉善衆，咸願捐布銀兩、牛車人工，補修舊井，并穿新井於舊井之西焉。穿甫二丈有餘而清泉頓出，此固衆善之力，抑亦不無神佑歟而不第此也。

憶乾隆十六年五月一日，丹流漲發，沿河鄉村受害無算。是鄉雖水近宮院，房屋亦多傾頹，而人頗無恙，藉非神力，何以危中能存哉！今因穿井告竣，不没神功，故并誌以垂不朽。

（以下施銀地基姓氏等略而不録）

住持：心燈。

維首：張思還、張金貴、張宗琳、張全敬、張全玉、張世清、張連松、張守業、張君茂、張發高、張連秀、張發旭、張美璋、張印奎、張小凝、張定武，立。

大清乾隆二十九年歲次甲申季夏。

清（二）

補修龍王廟碑記

祀事有典而配饗亦有制莫皆各取其意旨必所在非必盡加先王之事之前可

河考也沿在縣城村距晉首十有餘里村西有龍王廟一座內有文殊菩薩

高神：大王諸神僉之河同處之所小卡守而非不一也地建廟立祀素秋報之

亦其所以神變化而興雲致雨賜以濟民利物朋一也地建廟立祀素秋報之

人之事人之此亥之所從生令祀龍王而進祝龍安非亦及其所從生乎而並

者何於氏之亦若蓋隆或郎吾儒之所謂大人君子也與龍玉而並祀廟庭始所謂御祝足而出

洛者并非然而殊令人不禅而亦不必強為之解但通來廟貌雖未甚塌毀因村左古重閣開修現

對座戲樓新建鄉人有慨慷鼓舞遂方已美而監求其所合祀者與其所合祀者昪為之序以同心合力粧彩開修現

古歿酒焉言于思　　何言惟就其廟中所專祀者與其所含祀者昪為之序以想其當然云爾

壬午鄉試中式本村文學人李黃蕣薰 溙謹撰併書

421. 補修龍王廟碑記

立石年代：清乾隆二十九年（1764年）
原石尺寸：高150厘米，寬75厘米
石存地點：太原市尖草坪區柴村街道芮城村龍王廟

〔碑額〕：永垂千古

補修龍王廟碑記

祀事有典而配饗亦有制。非典非制，亦皆各取其意旨之所在，非必盡如先王之事之有明文可考也。汾右芮城村距晋省十有餘里，村西有龍王廟一座，内有文殊菩薩、五龍聖母、高神、大王諸神。稽之《河圖》，龍之爲神，青黄赤白雖不一其名，而内有正中之德，外具九□□文，其所以神變化而興雲致雨，於以濟民利物，則一也。此建廟立祀，春祈秋報之所由來。與夫人之事，人也必及其所從生。今祀龍王而并祀龍母，非亦及其所從生乎？而并及於文殊菩薩者何？□氏之有菩薩，或即吾儒之所謂大人君子也。與龍王而并祀廟庭，殆所謂禦飛龍而出治者乎？非然，而殊令人不解，而亦不必强爲之解。但週來廟貌雖未甚塌毁，因村左古寺重修，對座戲楼新建，鄉人有感，歡欣鼓舞，遂有已美而益求其美之意。所以同心合力，妝彩補修。功告竣而丐言于愚。愚何言？惟就其廟中所專祀者，與其所合祀者略爲之序，以想其當然云爾。

壬午鄉試中式本村文舉人李貴齡薰沐謹撰併書。

闔村衆姓公議每地乙畝出錢捌文，每一門頭因夫一名。（以下布施人姓名略而不録）

時大清乾隆二十九年歲次甲申孟秋穀旦立。

422. 羅雲村重修天池碑

立石年代：清乾隆二十九年（1764年）

原石尺寸：高82厘米，寬42厘米

石存地點：臨汾市洪洞縣劉家垣鎮羅雲村

〔碑額〕：皇清

雲鄉□□□□由來□□□。其形勢自清□蜿蜒而來，天池女□□□村東，賴有玉皇□□然峙立，爲之藩籬。殿前古樹兩□，中虛外實，媲美漢槐，豈非□造地設而開一方之偉觀者與！前明賈氏……狄道縣□，□□鐵琶土襯於池底，雨集之後可立而待清，相傳有滄浪之遺風焉。□愚目所親見，而軼事載在廟碑，不敢爲□□□□也。但世遠年湮，□水漂流，南岸幾頹，曾經修理。兹東北傾□，□□尤大。香首等領同鄉，經営締造，告成甚□。池栽柳枝，雨潤而生，行見十年之計，欣欣向荣，而洛陽之盛景，如再睹於愚鄉也。又重修社亭三間，煥然改觀。□工庇材領袖者之功較著矣，愚故勒諸貞珉，以勖後之有志者□修之。庶幾人文蔚起，而無負古西羅之名也云爾。

平郡庠生賈宗洛撰，增廣生員賈□江書。

總領生員賈宗望。

香首……賈大經。

龍飛乾隆二十九年□月穀旦。

清（二）

423. 清沉潭大師墓碑

立石年代：清乾隆三十年（1765 年）

原石尺寸：高 120 厘米，寬 60 厘米

石存地點：朔州市朔城區南榆林鄉保全莊村

〔碑額〕：碑記

圓寂和尚沉潭大師之□

闻之情有不可忘者，賴文以傳；□有不可泯者，勒石以志。……街人也。偶□□□□嘱之，寶泉庄適有僧沉潭者……金叁兩，正欲補還，忽然辭世。爰將所助之金，覓石刻碑，俾……與石俱永，而所謂無虧不補者，即是之謂歟！是爲序。

白朝輔□□。

大清乾隆三十年歲次乙酉孟秋穀旦立。

清（二）

941

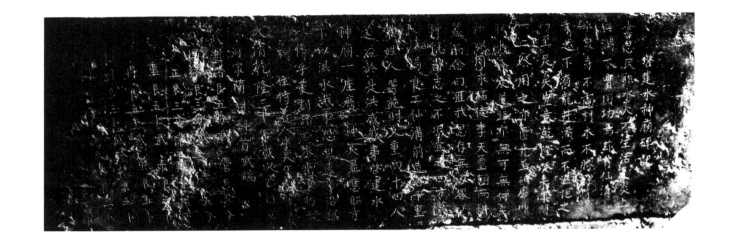

424. 啓建水神廟碑記

立石年代：清乾隆三十年（1765 年）

原石尺寸：高 31 厘米，寬 100 厘米

石存地點：太原市婁煩縣蓋家莊鄉仙溝村

啓建水神廟碑記

嘗思民非水火不生活，是炎上与潤下實同功焉。茲有仙溝山水泉寺，不慮材木不勝用，特謂寺之下有龍井溝而不溢，挹之乃至足矣。豈意乾隆癸未年間，一二人用之亦匱，竟至細磨川取水，奔走道路亦無可無何矣。所以周永福、徒李天璽朝而耕、暮而念，曰："匪我思存，無以答神。"既鄙志之不泯爲之，四方募化，請謁良工。仙溝前造石千重，衆姓人等施財又重，四十四人送石，於是洪成盛事，啓建水神廟一座。庶神靈显應，貽寺下以洪水哉。第恐世遠年沿，無以傳乎，爰刻諸石永垂不朽云。

住侍善人李天璽……

河家蘭村糾首武端、武繼緒銀五分、武管銀五分、武國緒銀三分、武紀銀五分、武正銀三分、常現銀五分、高重銀五錢、武表銀五錢、武冉銀五錢、武照銀五錢、李秉則銀三錢、武登棟銀五錢、陰問銀三錢、曹大良銀二錢、武潤德銀三錢、武堯銀三錢。

大清乾隆三十年歲次乙酉立。

清（二）

943

425. 重修白龍神祠碑記

立石年代：清乾隆三十一年（1766 年）

原石尺寸：高 106 厘米，寬 61 厘米

石存地點：陽泉市盂縣萇池鎮東萇池村白龍廟

〔碑額〕：重修碑記

重修白龍神祠碑記

從來神人相感，其機甚微而非微也，惟神之澤□被乎人而不息。斯人之情協應乎神而不□，且夫人之應神，固動於情之自然，而神之感人，□實有物焉。以資之而人乃得，借此以奉神而遂□□其敬也。余鄉東北隅，素有白龍神□，施雨澤庇萇川，多歷年□□，雖屢增修葺而規模猶隘，尚未足以酬神惠，壯神威也。□□樹木蔭翳，干霄蔽日，神固早以山木示人，使之借此以成盛事，而默以感之，不啻顯以啓之。爰有本村善士侯元春、侯元璋、石溪、陳□榮、尹治光、張士忠慨然倡議，伐木興工，宏敞正殿，□東西廊房，建鐘鼓二樓并□墻山門。□整□飭間而煥然以新。是固乃人之沐神惠而致其敬，□□□□能施惠而因以致人之□□。故趨事□□，糾首事之勤，協以眾人之力，閱二歲而厥功告竣。然則茲役也，倡……事者亦出以素願而不言□。良……其功亦歸於神，□□沐神……貞珉，以垂不朽。

乾隆丁卯科舉人揀選知縣尹兆熊撰文，邑儒學生員石濂書丹，乾隆丙子科舉人□□□縣李光宗題額，邑儒□生員侯□□□□。

鐵筆：尹世。

乾隆三十一年歲次丙戌正月穀旦□石。

率由舊章

426. 陡門水磨碑記

立石年代：清乾隆三十一年（1766 年）

原石尺寸：高 106 厘米，寬 75 厘米

石存地點：運城市新絳縣古交鎮閆家莊村

〔碑額〕：率由舊章

陡門水磨碑記

　　州治西北九原山□□有清濁二泉，合流□注□汾河。隋開皇年間，正平……有三林人王姓者，刎首以爭，姑以四七□之水平分爲率，分給三林等莊三……破漏，不能沾點水之利。昔人有萬口肉□□□□命源之句，刊之碑石，良不……以護理陡門，二令賃磨之人，看守渠堰。此磨非□□□而設，實爲灌地而設也。……若屆冬季，衆水還河，方轉雙□，歷來水磨□□□□滻，七莊水磨輪輻上下兩……溺，七莊水磨輪輻七莊，渠長李大倫，丁瓚衛修□□，來詢閆廷珩、常執國、常篤……令原差同三磨人等，丈量水閘舊形，東西寬闊壹丈陸尺伍寸，閘板高低自石……使水可也，卷案存查。詎王璋等□於二十九年□□間，違斷加板，七莊揭板，報……槽口復訟，經憲案蒙批，三磨妥議禀覆。於五十年閏二月間，三磨公同議，因……知重磨即以重水利云爾。具公覆人七莊渠長李大倫等、王莊下磨武生王璋等、上磨王者玠等爲公議……去板照舊，永不許加板盤滻，七莊水磨輪輻，是成規妥協，勿庸另議。繼因王莊……即集齊關帝廟中，秉公妥議，議令王莊上下兩水磨分應照舊落槽在下，不得……

　　時大清乾隆三十一年歲次丙戌孟夏。

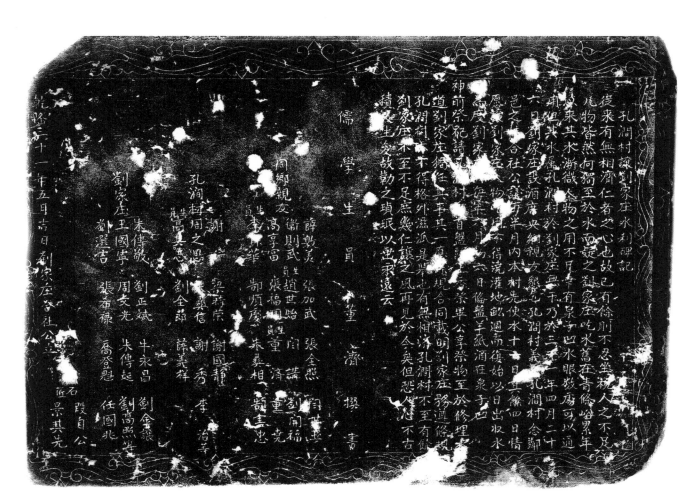

427. 孔澗村讓劉家莊水利碑記

立石年代：清乾隆三十一年（1766 年）

原石尺寸：高 50 厘米，寬 75 厘米

石存地點：臨汾市霍州市陶唐峪鄉孔澗村

孔澗村讓劉家庄水利碑記

從來有無相濟，仁者之心也，故已有餘，則不忍坐視人之不足。凡物皆然，何獨至於水而疑之。劉家庄吃水舊在青條峪，累年以來，其水漸微，人物之用不足。幸有泉子凹水眼数處可以通用，但其水属孔澗村，於劉家庄無干。乃於三十一年四月二十六日，劉家庄設酒席，央鄉親友，懇乞孔澗村義讓。孔澗村念鄰邑之情，合社公議，每半月内本村先使水十一日，其餘四日情願讓劉家庄人物吃用，不得澆灌地畝。周而復始，以日出收水爲度。劉家庄口每年六月初六日，備盤羊紙酒，在泉子凹神前祭祀，請孔澗村香首盤頭上香，祭畢公享祭物。至於修理水道，劉家庄獨任其事。其一應條規，合同載明。劉家庄務遵條規，孔澗村亦不得格外滋派。是舉也，有無相濟。孔澗村不至有餘，劉家庄不至不足。庶幾仁讓之風再見於今矣。但恐人心不古，積久生变，故勒之貞珉，以垂永遠云。

儒學生員董濟撰書。

（以下功德主芳名略而不録）

石匠段自公、景其先。

乾隆三十一年五月吉日劉家庄合社公立。

永垂不朽

428. 修立黑龍王廟碑記

立石年代：清乾隆三十一年（1766 年）

原石尺寸：高 130 厘米，寬 60 厘米

石存地點：呂梁市柳林縣成家莊鎮大井溝村

〔碑額〕：永垂不朽

修立黑龍王廟碑記

從來神之庇覆乎群生，保護乎黎庶者，類皆渺冥之中潛扶默佑，耳不可得而聞，目不可得而見也。若夫龍王之爲德，或見在天，或潛在淵，固变化不拘。而其施澤於民，雲興雨潤，電掣雷霆，滋五穀以育民人，其屬可見可聞者乎？其耳不可得而聞，目不可得而見者乎？夫龍王之霖雨萬物，養育斯民，固昭然於耳目之間。然當急於待澤之時，而澤或不至，人亦無如之何矣。

兹郡西大井溝村，相傳有黑龍王之廟，每逢亢旱之際，履其基址而禱之，輒大雨滂沱，傾刻如注，其灵應爲何如哉！于是鄰村之人偕感其靈應，思立祠以祀之。況夫人之得遂其生也，貴賤長幼靡不取給於農。農人之身勤其事也，播布耕耘能不仰藉夫雨？是則龍王之德尤農人當祀之爲急也。因會衆興工，各村之人咸樂於效順。言乎其財，不惜錙銖之貴；時乎其力，不憚拮據之劳。北立正殿三楹，塑以神像，繪以華采。越拾有餘年，南建樂楼，歲爲享賽，則神得所依，人蒙其澤。覆群生而保黎庶者，行將常表炳於耳目之間焉。

儒學廩膳生員劉創業薰沐撰。

修廟糾首：劉弘端、劉弘敏、劉弘濟、劉弘瀛、張芳梅、劉文品、劉文玘、劉文瑚、楊學就、賀進文、柳定林、柳玉先、車永祥、郝自奇、郝良柱、郝士文、劉志順、李伏泰、車朋、車和、陳之要、王守光、裴昇、裴成祚、劉奇、柳士相。

鑄鐘善人：劉門康氏，男劉旺；張門王氏，男景貴。

修戲楼糾首：柳邦祐、車永順、賀光前、李秉信、劉志静、劉文才、劉志顏、薛之善、賀名虎、車良、賀名相、車有敬、郝常興、郝存正、郝如清、郝如璽、車伏巧、劉士佐、劉文楷、王應剩、賀管見、柳秀林、柳邦輔、裴成智、裴琛、劉定寧、車伏生、劉文俊、楊美先、張奇。劉門車氏，男劉成。

造碑施錢人：馮登科，男體興、體盛。

百泉垣：劉士巧、劉士恭、劉士仲、劉士顯、劉欽、劉如斌、劉國清、劉要、劉國正、劉國忠、劉文变、劉士吉、劉成奇、王應餘、王有榮、王士伶、王士隆、王應興、王應欽、王應福、王應智、劉文化。

東宠村：張淮、王應收、張德遠、張德位、張洽、張淳、張濟、張滾、張洲、柳澤根、柳澤枝、劉志治、劉志貢、劉銀艷。

下垣則：柳就林、柳選林、柳福林、柳慶林、柳坎林、柳的林、柳金朝、柳邦祐、柳邦祥、劉邦朝、柳邦君、柳邦富、柳邦成、劉邦坩、柳邦文、柳邦雙、劉邦仁、柳邦順、柳邦德、柳邦耐、柳邦義、柳于仁、柳于桂、柳于琰、柳于金、柳于珍、柳于相、柳于清。

石匠王明秋。

時大清乾隆叁拾壹年九月十五日立。

429. 重修龍王廟碑記

立石年代：清乾隆三十一年（1766 年）

原石尺寸：高 180 厘米，寬 81 厘米

石存地點：晋中市壽陽縣羊頭崖鄉闊郊村

〔碑額〕：皇帝萬歲

重修龍王廟碑記

蓋聞龍之爲靈昭昭也。時飛則飛，時潛則潛，飛則升於天，潛則□於淵。故□□□而登天，舉而雲興，雷以動之，雨以潤之，所以膏澤乎萬物者，龍之功其莫大焉。以故普天咸立其廟，無地不尊其神，即有如和邑治□古鎮闊交舊有龍王廟一所，左臨清流，右倚峻□，山青水秀，誠爲龍神托迹之鄉，一方祈禳之地也。□年來風雨……不可拂。但念寸瓦寸瓮無非布地之金，一木……之力。爰是功德糾首募化資財，鳩工聚□。惜廟貌之凋殘，仍其舊制而補茸之。見樂楼之傾頹，移其舊址而振飭之。且也創□西正三眼，東橫一座，不終歲而焕然改觀矣。嘗思莫爲之前，雖美弗彰；莫爲之後，雖盛弗傳。有是盛舉，詎可湮没不誌乎？所以立碑刻銘，以昭當時之盛，以啓後人之心。感念前功嗣而茸之，庶幾斯廟常新而神恩永被矣。是爲記。

邑庠生宇文萬盛撰，馬首郡庠生張福綿書。

（以下功德主姓氏芳名，略而不録）

大清乾隆三十一年歲次丙戌孟冬吉日。

清（二）

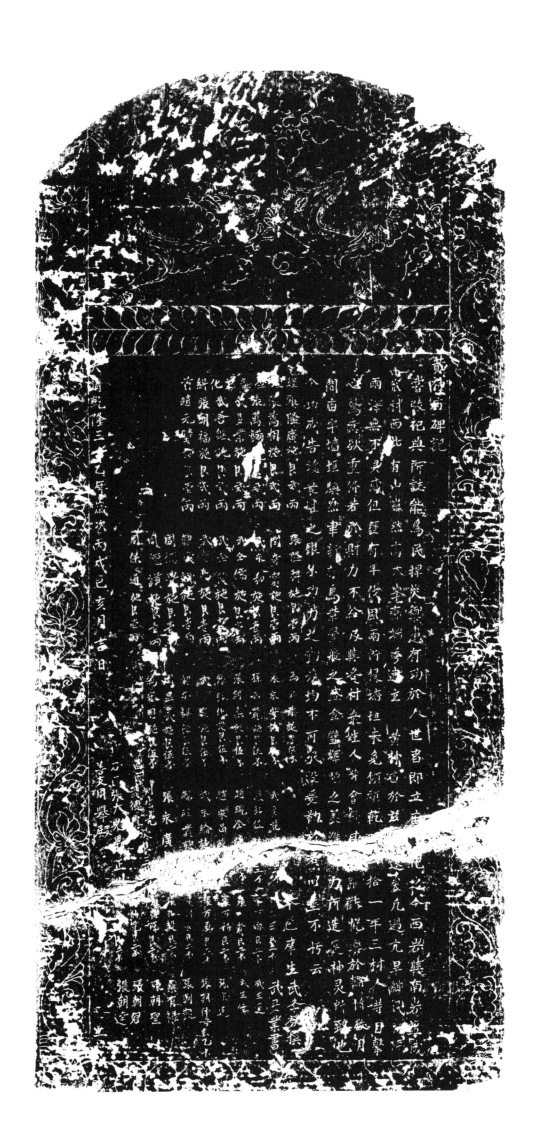

430. 黄神廟碑記

立石年代：清乾隆三十一年（1766 年）

原石尺寸：高 135 厘米，寬 58 厘米

石存地點：太原市古交市鎮城底鎮西岩村黃神廟

黃神廟碑記

嘗考祀典所誌，能爲民捍灾禦患，有功於人世者，即立庙以祀之。今西岩與南岩、鹽碱宼村西北有山，巍然高大，峰巒端秀，建立黃神廟於兹□遠矣。凡遇亢旱，鄉民祈禱雨澤，無不灵感。但歷有年代，風雨所侵，墻垣未免傾頹。乾□□拾一年，三村人等目擊心驚，意欲重修，苦於財力不給，及與各村衆姓人等會議，咸□躍歡悦，樂於輸將。数月間，庙宇墻垣煥然聿新，有鳥革翬飛之盛，金璧輝煌之美。雖□力所造，實神灵所致也。今功成告竣，衆姓之銀錢、功力之勤勞均不可泯没，爰勒於石，以垂不朽云。

本邑庠生武學發撰，武多業書。

經理金妝募化糾首：張隆廣施銀貳兩、張萬相施銀貳兩、張萬鏑施銀貳兩、武多業施銀貳兩、武善繼施銀貳兩、張朝福施銀貳兩、趙元璧施銀壹兩、張隆科施銀壹兩、閆奇寶施銀壹兩、武永和施銀壹兩、武全儒施銀壹兩、武□□施銀壹兩、武□□施銀壹兩、郝盛斌施銀壹兩、周德豐施銀壹兩、周德謨施銀壹兩、周保通施銀壹兩、馬的恭施銀伍錢、張永安施銀伍錢、孫云貴施銀伍錢、張朝樂施銀伍錢、張□化施銀伍錢、武□施銀伍錢、郝尔祥施銀伍錢、周顯武施銀伍錢、馮守明施銀伍錢、武多花施銀三錢、張弘任施銀三錢、趙現全施銀三錢、趙宋□施銀三錢、武永綸施□□□、韓超貴施□□□、張永廣□□□□……

画匠刘生亮、武德厚施銀三錢。石匠張大魁、男正川。善友周舉殿。

大清乾隆三十乙年歲次丙戌己亥月吉日立。

清（二）

431. 穿井小記

立石年代：清乾隆三十一年（1766年）
原石尺寸：高49厘米，寬88厘米
石存地點：運城市聞喜縣呱底鎮上寬峪村

穿井小記

聞之井養不窮，垂之義［易］經，鑿井而飲，肇自□益。是知井之於人，從古為重。今莊丁眾千餘，井僅有五，當風調雨順時，水或不缺於用，一逢天炎池涸，東西四井既竭，獨中井尚克濟諸井之不足。然人多井少，可□□一時，不可以濟久遠。因而僉議，另穿新井，以備旱災，以救群生。奈井深三百餘尺，工費浩大，未敢輕舉。爰祈合庄善男信士竭力敷施，共襄大事。於乾隆三十年六月動工，至次年六月告竣。工匠期月，而利澤無窮，甚盛舉也。爰鎸石褒獎，以垂來許。

邑庠生員朱健聲謹撰，廩膳生員朱龍章謹書。

鄉耆朱喜聲五錢四分，朱桓令一錢，朱樹聲四錢七分，朱遐令一錢二分，增廣生員朱□一錢，朱永溥一錢五分，朱允聲二錢，朱純一錢五分，朱紹三錢九分，生員朱健聲三錢三分，朱永貴二錢，生員朱唯聲一錢五分，朱永通三錢一分，朱和四錢九分，朱起祖一錢，朱絳一錢，朱永順二錢，朱永奇一錢，朱如姚一錢八分，朱如炤一錢，朱潤宋四錢八分，朱鎔一錢，朱文禩三分，朱師賢二錢，朱大材一錢，朱秉誼一錢九分，朱文種九錢七分，朱即發一錢，朱秉引一錢，朱恒德六錢七分，朱鈞一錢五分，監生朱宗邵一兩二錢，朱允德二錢七分，朱秉著五錢，朱秉信一錢，張龍心三錢六分，朱文福三錢三分，朱大興一錢一分，朱銳一錢六分，朱丕俊六錢七分，朱舍一錢八分，朱彩章一錢，朱鎬一錢三分，朱秉鈞二錢三分，朱彩旗五錢，朱秉讓一錢，朱萬章二錢八分，朱延年一錢，朱萬春一錢二分，朱秉謙一錢，監生朱彩耀五錢，朱英一錢五分，生員朱光符三錢五分，朱秉田七錢五分，朱萬壽二錢，朱宗元一兩五錢，朱秉普一錢，朱含章八分，朱復璟六錢五分，朱克禮三錢三分，朱彩著三錢六分，朱秉真一錢三分，朱執禮一錢七分，朱秉霞八錢一分，朱勿欺二錢七分，朱彩豐四錢，朱彩幢一錢，朱彩寬一錢，朱彩焜二錢二分，朱秉敏五錢，朱秉瑜一錢，朱明禮一錢六分，生員朱際盛二錢四分，朱進公五分，朱際泰一錢五分，朱有糧一兩二錢六分，朱進忠七錢，朱際飛二錢五分，朱擴圻三錢六分，朱進讓一錢，朱有禮一錢五分，朱有明八錢二分，朱際堯三錢五分，朱進德五分，監生朱孝思七錢五分，朱有德二錢一分，朱佳玉一錢四分，朱友阜三錢一分，朱興邦一錢二分，朱進益四錢四分，朱龍飛一錢，朱有苗一錢二分，朱适二錢，朱加廉一錢，朱有產二錢一分，朱際騰四錢八分，朱際舜一錢一分，朱曰康五錢五分，朱加明八錢，朱得寅五錢五分，生員朱興祺四錢二分，朱宜培四錢八分，朱加花一錢四分，朱思義二錢六分，朱有粟六錢一分，朱敦恭四錢七分，朱廷福一錢五分，朱加吉六錢六分，朱美川五分，朱純禮五錢五分，朱束德一錢，朱曰勳三錢四分，朱長慶一錢五分，朱敦禮一錢三分，張林二錢，張則璞三錢二分，朱際文一錢四分，朱克己一錢七分，朱廷玉一錢，朱徐規一錢，朱紹英六錢二分，朱際成一錢四分，朱學思三錢一分，朱修己四錢四分，朱興山三錢，朱敦厚五分，朱加益一錢，朱青山二錢八分，朱抱信一錢六分，朱敏德三錢，朱學功一錢五分，朱中發一錢二分，張則瑜三錢五分，朱南庚四錢四分，朱曰福三錢三分。

創建

乾隆拾伍年叁月内出瑞泉地亩人謀者東皆民之致敬了神神之加惠于民也孳不能不能为之民草僮言以垂不朽云尔

當思東作西成須稷而親 食養所報 十里許有西路駞上莊東近寳若西界焚敬守北有龍陽山萊洞寺之修葺也神之加惠于民民又當敬于神也明矣
五龍王古庙也每年三月初七日为報答神功之期迎至大清乾隆十三年村中献戯備馬備言不唇甚虚相地擇日複立庙守
北皆神之顕赫也時率有玉辰乞援伏云吴聴李懷艾等蠲資募化剷立正殿三间東西两廂戯棲一座神像迎至二十二

觀音堂大椰樹売價錢十五十五百文
閔帝閱所用年工明馬列成五總地片日

馬明王 神位

白龍王 神位

扶碑工成明馬州在
開工香老王長龍

張善愿募

童觀

徐觀

石匠 何本瑞

石匠 王定顋

持廣聚弟長南

住持香老王進孟

東郡房香老
王云愿

吴云愿

補修香老工吴

張京辰

于匠 王定顋 連用宣

狀首 張福云 李懷遠

432. 復立五龍廟碑記

立石年代：清乾隆三十二年（1767 年）

原石尺寸：高 152 厘米，寬 50 厘米

石存地點：長治市黎城縣西井鎮西駱駝村五龍廟

〔碑額〕：創建

嘗思東作西成，須賴雨露之養，春祈秋報，豈廢廟宇之設。則是神之加惠于民，民又當敬于神也明矣。維茲黎邑之北，去城四十里许有西駱駝上莊，東近寶峰岩，西界安教寺，北有漱石之景，南通馬嶺之途。但安教寺北原有黑陽山華果洞，寺之傍舊有五龍王古廟也。每年三月初七日，爲報答神功之期。迨至大清乾隆十三年，村中献戲借馬，傳言不歸舊處，相地擇日，復立廟宇，此皆神力之显赫也。時幸有王辰龍、張伏云、吳聰、李怀支等，蠲資募化，創立正殿三間，東西兩廊、戲樓一座，補塑神像。迨至二十二年九月三十日厥功成，光彩可觀，神人胥悦矣。前有禁山下，乾隆拾伍年叁月内出瑞泉，地靈人杰矣。要皆民之致敬于神，神之加惠于民也。序不敏，不能爲文，略草俚言，以垂不朽云爾。

特授黎城縣正堂加三級紀録五次彭公，黎城縣吾兒峪司童公，黎城縣捕廳徐觀。邑庠生張書恩撰。

東間古有白龍王神位，西間古有馬明王、牛王神位。

觀音堂大槨樹賣價錢十五千五百文。

關帝閣所用开工，明馬、刘成玉選地擇日。

扶碑工成：明馬、刘玉。开工香老：王長龍。妆修香老：張伏龍、吳明、李相富。妆画香老：吳亮、王進朝。東廊房香老：吳京、薛文。扶碑香老：王進京。住持：廣聚书、王長龍。維首：王云富、張福云、李怀支。

木匠：王見辰。泥水匠：張京。丹青：連周宣、王定乾。石匠：何本善、何本瑞、李慶林。

大清乾隆叁拾貳年貳月拾玖日□旦□。

433. 重修藏山廟碑記

立石年代：清乾隆三十二年（1767 年）

原石尺寸：高 126 厘米，寬 50 厘米

石存地點：陽泉市盂縣萇池鎮藏山祠

重修藏山廟碑記

士君子伏義成仁，類皆發於至性，無所爲而然。而後人憑吊往迹，輒至咨嗟涕洟，俎豆於不替者，豈好行其媚哉？亦其至性之感激……而不自禁也。趙於晋故爲世臣，成季之勛，宣孟之忠，久爲人心所仰戴。及莊子被屠岸賈之讒，下宮難作，夷滅宗族，索及孤稚，其構禍抑何慘也！□□□□戴德之士類，無不感慨太息，欲救之而卒無可奈何。獨公孫、程兩侯，以友客之誼，任難易於危難之交，出必死策以全趙孤。潛踪兹山者十五年，□□□子力。因景公所卜崇兆，因事納誨，俾文子克復爵土，卒爲名卿。每讀《史》至趙世家，未嘗不嘆兩侯者固托孤寄命，臨難不奪之君子，而献子扶獎善類，以人事君□□心公室之忠□也。是以自春秋至今，立廟兹山，血食不廢，入山□□之士，徘徊□下。念文子蒙難艱貞，克纘先緒也，而幹蠱繩武之志興；念献子保善除奸，不絕趙祀也，而抑邪興正之情奮；□念二烈士之慷慨赴死，從容就義，不存二心於所事，而成仁取義之至性，不知何以□然頓發也。然則入兹山也，可以覽忠孝節義之遺迹，可以起臣子友朋之善心，扶人紀、翼世教，皆在於是。固將與夷齊之首陽，并垂不朽矣！又況忠魂義氣綿亘山澤，噓之爲風雲，沛之爲雨露，其膏潤蒼生者，更有以感人心而蕭禋祀耶。乾隆乙酉春，廟幾圮。余萇池鎮、神泉、興道三村士庶，併力修飾，群廟外建行宮，以駐神駕。設厨房，以治牲醴，周以圍垣，束以山門，補偏葺敝，重闈巨觀，至丁亥春而落成。因功竣紀事，略著神之所以鼓動人心，歷久不替者如此。至若山石之怪譎，洞壑之靈奇，供騒人逸士登眺咏歌之勝者，略而不叙。以神所以發人俎豆之思者，其輕重不係乎此也。

丙子科舉人揀選知縣李光宗謹撰文，丁卯科舉人揀選知縣尹兆熊謹書丹，邑儒學生員石曰璜謹篆額。

賜進士出身誥授武翼大夫分鎮山西，盂壽營游擊加三級紀録五次白連輪銀貳拾兩，特授文林郎知盂縣事加三級紀録三次張懷祖輪銀貳拾兩，特授修職郎盂縣儒學教諭張成志、訓導李其覺各輪銀拾兩，千總阿林保輪銀拾兩，城守司張奇輪銀拾兩，督捕廳陸軾輪銀拾兩。

鐵筆趙良芳。

大清乾隆三十二年四月穀旦立石。

434. 宋莊村修廟建橋碑記

立石年代：清乾隆三十二年（1767 年）
原石尺寸：高 116 厘米，寬 63 厘米
石存地點：臨汾市霍州市辛置鎮宋莊村關帝廟

〔碑額〕：重建碑記

嘗嘆多事者爲所不當爲，而廢事者又不爲其所宜爲。宋庄東龍王牛馬三聖廟，棟拆瓦解，風雨不蔽，非修理奚以妥神靈。其村南……已苦於行，每當□□逢雨水，泥濘尤甚，徒行及牽牛馬過者，咨嗟嘆息，交噴噴於跋涉之倍艱，必建橋乃可便□□，□人議者久之。乾隆二十七年，香首高思雨、任紹璉有感於斯，欲聯搖會拔金錢以爲修建之資，遂舉總管八位。迨二十□□，香首閆明声、任洪章繼之，而會始聯成，又慮不給於費，約四方好善長者，輸己財以裕乎後。於是鳩工庀材，修廟而煥乎改□，□橋則周道如底矣。且因餘資重新三聖廟影戲台壹座，創立瓦房三間，而於商山廟東磚窑建造廊廡三楹。自……神人有不胥悦者乎！是役也，崇正祀也，利行人也，事極盛而功最美也，既不廢事又非多事也。故立石，以垂不朽云。

郡庠生劉峨撰文，任國棟丹書。

（以下總管、分首、施錢人等芳名略而不録）

大清乾隆三十二年壬辰月吉旦立。

清（二）

963

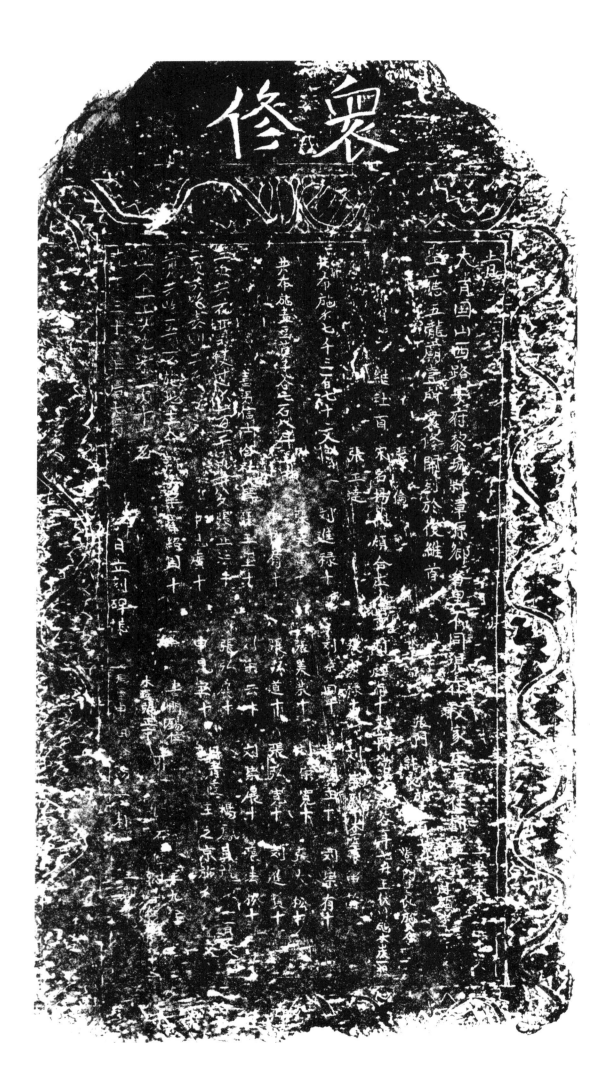

435. 修五龍廟碑

立石年代：清乾隆三十二年（1767 年）
原石尺寸：高 79 厘米，寬 43 厘米
石存地點：長治市黎城縣段家莊村五龍廟

〔碑額〕：衆修

時大清國山西潞安府黎城縣漳源鄉，各里不同。現在段家庄居住，創盖聖應五龍廟一所。衆修開列於後。

維社首張倫、宋名揚、張正達，科領合庄人等。

刘進録、張天富、申根有、張玉璽、張正法、申見廣、崔紹國、刘超有、張□國、張美榮、張弘道、刘崇云、張弘展、申見宝、刘崇烈、崔紹正、刘崇寬、張弘寬、刘荣展、刘崇有、張大松、刘進賢、張法松。

共布施錢七千三百七十文。

（以下碑文略而不録）

丹青匠：楊鳳武、王之京。木匠：張正京。瓦匠：申田。陰陽：王樸。石匠：王九經、張得位、王朝幸。

□□三十二年后七月□日□立刻碑誌。

清（二）

965

龍子祠疏泉掏河重修水口渠堰序

乾隆三十二年小陽月……

436. 龍子祠疏泉掏河重修水口渠堰序

立石年代：清乾隆三十二年（1767年）
原石尺寸：高158厘米，寬63厘米
石存地點：臨汾市堯都區金殿鎮龍祠村龍子祠

〔碑額〕：……不朽

龍子祠疏泉掏河重修水口渠堰序

從來水之爲利，固貴乎泉源之出，又貴乎河路之通，此一定之理也。故上官一河分爲數口，歷來旧規：年各河公舉渠長，會通紳衿土庶，督工總理，于二月間起全掏挖。茲事属勤勞，不過率由旧章而已。不料今歲七月二十八日，忽然天雨浩大，山水涌發，席坊村西澗水直冲上官、席坊橋口。茲舊有黑龍堰一□，不意被水衝脱，又加泉眼之北，澗水汪洋。此兩處之水不惟將泉眼壅成沙嶺，并將各處水口及累路□□盡被泥沙□平，不顯河迹，此亦上官河之一大变也。斯時有地之家咸蹙額相告，以謂此翻工用非同小可。幸賴本年督工，協同各河渠長公議，按地起金，擇日動工修理，尋迹疏掏，將各處水口并一帶河□一一重新。又於泉北澗口石堰之旁東西用炭石填起兩道石帮，以圖堅固，此又創前人之所未有者也。於是工程告竣，合河之人念其勤勞，爰勒石刻銘，以垂永久。庶爲來茲之執事者之鼓勵云尔。

上官河總理郡庠生員張啓斌撰，邑庠生員秦寅亮書。

上官一河總理督工：監生李月桂、監生張以□、生員高作林、秦懷德、刁希孔、秦釗、生員陰□有、典史賀璋、生員賀大成、張茂穗、楊宗勝、王偉勛、生員柴萬年、監生李潤、礼生王夢麟、刘維、刘漢基、刘紳。

上官二河總理督工：生員張子寬、高福廣、李天全、孟學政、崔維城、張永言、張子□、蘇協、張朝選、雒盛年、衛忠彦。

上官三河總理督工：監生徐唐功、監生薛舉益、祁鋪、薛清、徐唐、昊……貢生彭雲、監生昊大立、樊之旺、周時……祀總吳式儀、高邦皈、李萬倉、郭贊、張□龍、關□先、喬尚剛、刘建功、□□□。

上官青城河總理督工：生員李振、尉□、姚君□、柏敏、董文轅、尉天寧、生員尉三仁、礼生柏相德、吉昌鳳、尉衍桂、尉君臣、尉國梁、生員徐承顯、尉宗善、謝辛芝、尉同定、喬應經、尉良寧。

上官首河渠長刘繪，上官二河渠長張子谷，上官三河渠長李春荣，上官青城河渠長尉望、段善絀、柏耐寒、吳一書、喬廷。

住持僧人澄禄。

乾隆三十二年小陽之吉立。

437. 裴家溝修石橋碑記

立石年代：清乾隆三十二年（1767 年）
原石尺寸：高 100 厘米，寬 44 厘米
石存地點：晋中市左權縣寒王鄉裴家溝村

〔碑額〕：利□村人

裴家溝修石橋碑記

村巽方有古道一□，为合村出入之□，□連年雨水冲刷，□爲深渠，行者多窘步之忧，村□人屢议修□而□果。歲在丁未□□，張文才等彙集村衆，同心協力，共建石橋一道，出入斯路者，有□行之便，無窘步之□，□即利濟之盛德也。爰綴數言，勒諸金石，亦□□修於□□，深望後人之能繼云爾。

聯□进士□伍□□□□縣曹九成撰。

香首張文才錢乙千七百，糾首裴國福錢一千三百，雷文錢一千三百，雷保財錢一千二百，張得福錢一千一百，裴錫貴錢八百，雷法艮錢八百，雷溝倉錢七百，裴的貴錢四百，雷彰□錢四百，雷□□錢三百，王貴福錢三百，張廷得錢二百七，雷仲錢二百七，宋□□，張的禄錢一百七，張的禎錢一百七，張的祥錢一百二，張的才錢一百，張廷□錢七十，張廷仁錢五十。

石工杨□蒙，石匠赵禄□、□□□，同□。

大清乾隆三十二年十一月十五日。

438. 重修龍王廟碑記

立石年代：清乾隆三十二年（1767 年）
原石尺寸：高 112 厘米，寬 61 厘米
石存地點：晉中市壽陽縣溫家莊鄉溫家溝村

〔碑額〕：詔茲來許

重修龍王廟碑記

陰陽和而雨澤降，天地解而雷雨作。莊子云："雲者□雨乎？雨者其雲乎？"然而孰主宰是？孰綱維是？孰居無□，推行而隆施？是此雖二□之疑蒸，而要皆龍□一所，鼓舞而默運者也。鑒以電，掣以雷，威懾妖□□□御爲雲，功爲雨□流水□山村，凡我農人實嘉賴焉。先民之立廟祀享也，□□□峰後接方脉，其禱靈祝應，洵不誤矣！然必有爲之後者以繼其美，而後有以見同□之□。歲次孟春，欲光前烈，會聚重修。好施者大破慳囊，樂善者共襄盛事。輪奐其氣象，恢廓其規模。廟□復建牛王廟一楹。鳩工庀材，不數月間而壯觀成矣。因思神所憑休，惟在□德，鞏飛鳥革，固足以栖神，而馨香之感，殆尤有微乎其微者歟？□乎微以事□休徵之應，必更有神乎其神者矣。不鳴條而不□塊，雨暘時若，百穀□成，豐年□兆，與夫六畜蕃衍，不□可知。豈爲三農之□，□在四民胥蒙休焉。功不□□□没也，喜不可不爲誌也。告竣勒石，余因略序大意云。

儒學生員李東懷撰，本村姜尚榮書。

陰陽姜岐安施銀五錢。木匠劉釗成施銀貳錢。畫匠史永伸、史永祥。泥水匠、石匠、鐵筆溫德耀施銀五錢。

時大清乾隆叁拾貳年歲次丁亥□□月上旬穀旦勒石刊。

439. 開新井碑記

立石年代：清乾隆三十四年（1769年）
原石尺寸：高34厘米，寬60厘米
石存地點：運城市稷山縣化峪鎮南位村

碑記

新創祭神□一所。南衛村南巷，自古以來□延天皆節，以薦神□□□□祭神，不惟風雨□□，似乎神有不□。有官銀錢十餘百。同衆商議，于乾隆二十九年置地基四□，建立供禪房一所。不數日而功成。乃財不告匱，于次年春開井一眼，又建井房一間。兩次所費俱屬官銀。效力者踴躍爭先，不多日而功又成矣。庶乎神心妥而虔有所告，泉源涌而食有所資。故刻立於石，以垂不朽云。

首事人：刘介然、刘海、刘澤、刘湖、刘漸、刘法、刘澄、刘沽、刘紹。

刘涌工六日，刘漳工十日，刘潔工八日，刘淘工七日，刘洽工六日，刘治工七日，刘君用工五日，刘漣工八日，刘湯工四日，刘君法工一日，刘津工七日，刘濟工五日，刘紡工八日，刘纊工六日，刘可明工十一日，刘綱工六日，刘可雲工四日，刘保工七日，刘可勤工二日，刘法秦工八日，刘中天工六日，刘可廣工二日，刘順天工五日，刘通天工九日，刘可穩工一日。

乾隆叁拾肆年孟春月立。

清（二）

440. 龍泉山重修聖母廟碑序

立石年代：清乾隆三十四年（1769年）
原石尺寸：高164厘米，寬62厘米
石存地點：晋中市左權縣龍泉山

〔碑額〕：萬善同歸

龍泉山重修聖母廟碑序

　　龍泉，古名勝也，山首舊建有聖母廟。群峰星拱，泉流濛繞，楼殿廊廡，巋然特出，古制貽垂於今邈矣。邑人無遠近，水旱疾疫，凡有禱必靈焉。不獨環山里社蒙陰相沐渥澤，而時雨振槁，祥風鼓頹際危急而待蘇者，直達四境。豈非天造地設，鍾茲形勝以爲神靈憑依降德，而開千百世之瞻仰者哉！第厥初簡樸，聊崇祀典，弗遑侈耀，規模頗近卑狹，又況代遠年湮，不無風雨之所損壞，蟲鳥之所剥蝕。垣傾石泐，難伸俎豆之儀；棟折榱崩，莫展椒醑之薦。多歷年所，艱於改建。每當朔望之期，村衆相與致慨寥落，恐貽神恫。余也亦夙結整修之志，匪伊朝夕。歲在丁亥，群相感激，不期響應。爰時權七村之衆寡，攤爲五股，公舉總理人，擇立諸糾首。既按股以攤派，復分外而施資。散謫仙之黄金，捐資樂貢；運公輸之鬼斧，鳩匠經營。易脱略而爲藻繢，增卑小而爲崇閎。故者更新，缺者加造。補修正楼三間，正殿三間，東西復各增修二間。新建南殿三間，重整鐘楼，再設鼓楼以配之。易東西廊爲石窑，旁又增正窑一座，東房二間。龍亭之特立，補爲并峙；樂楼之卑隘，移起崇臺。工程浩大，難觀厥成，歷三寒暑，乃獲告竣。自是棟新宇清，杰然出青雲之表；堂金像光，昭然映碧輝之中。回憶前此，不其焕然改觀也哉！嗣後祈報告虔，以遂吾人祝頌之誠，亦且屢迓神休，以見民安物阜之盛，將見一社七村，共享清寧百千萬世。俾爾熾昌，斯皆由重修獲福之所致也，詎可湮没而不傳乎？衆村囑予爲文。予不能文也，但記其經始落成，以明總理者之心力俱劳，而亦幸衆糾首之將伯助予也云爾。是爲序。

　　本社西庄村庠生張溥撰，本社王强鋪庠生李春翰書。

　　總理糾首：西庄村生員張天良，長男生員溥，另施銀壹拾貳兩；中庄村信士劉漢儒，長男瑞兆，另施銀壹拾貳兩。

　　陰陽：張桂福、胡建。木匠：冀盛祥、李存善、李成章。石匠：馮通。泥水匠：梁宗義、張花成。

　　時大清乾隆叁拾肆年歲次己丑蕤賓下浣穀旦。

瓦房村西姓合施旱池碑記

因有影池地乙堤坐落

本村之中從前合村人吃水皆仰賴於此原係四姓

地方與村人無干今四姓情願同捨合村公用日后

永遠吃水恐后無憑立石存照

鄉約馬繼全
保正楊　　旺

李珺
郭明財
張文戌　同施
李潤成

乾隆三十四年歲次己丑仲冬吉旦

黄河流域水利碑刻集成·山西卷　四

441. 瓦房村四姓公施旱池碑記

立石年代：清乾隆三十四年（1769 年）

原石尺寸：高 110 厘米，寬 54 厘米

石存地點：晋中市和順縣平松鄉瓦房村

瓦房村四姓公施旱池碑記

因有夥池地乙塊，坐落本村之中，從前合村人吃水，俱仰賴於此，原係四姓地方，與村人無干。今四姓情願同捨，合村公用，日后永遠吃水。恐后無憑，立石存照。

鄉約馬繼全，保正楊旺、李珺、郭明財、張文成、李潤成，同施。

乾隆三十四年歲次己丑仲冬吉旦。

442. 安樂村重建龍王廟碑記

立石年代：清乾隆三十五年（1770 年）
原石尺寸：高 144 厘米，寬 68 厘米
石存地點：臨汾市吉縣屯里鎮安樂村關公廟

〔碑額〕：大清萬古　　　日　月

盖建廟立神，隨在皆有，創新補旧，無地不然。吉州東路，離城一百二十里安樂村，古有關帝伯王龍王廟一所。其創建之始，或維風氣，或祈百穀，或福老幼，□□□□。至乾隆三十四年，其風雨震憾，流潦浸搖，鳥鼠窑穴者各不同矣，至□地者，莫不心惻。今有信士吳易明、王良法、鄭天寬、逯萬保、高奇礼等，集村人而議之曰："居斯□者，安可坐視其摧損而不顧也。"但事……制序募緣于四方。今功告成，廟宇一新，聖像金妝，恢恢乎煥然翼然者，不惟有以□□□，而且有妥神靈也。功峻［竣］，索誌于余。余思天下事，成敗各有其時，向則毀，今則新。殿宇垣墙，煥然改觀，是故創者□□□未然，繼者收功既壞，是創者、繼者均足并誌不朽云。

儒士史寅撰，王從寬題。

王宗學施銀貳兩四錢，王長雲施銀貳兩四錢，□隆鋪施銀貳兩四錢，鄭天寬施銀貳兩四錢，王良法施銀貳兩，吳易明施銀貳兩，趙元香施銀壹兩七錢，西鳳屯里合村施銀柒兩，桑何村合社施銀三兩，逯萬有施銀壹兩五錢，胡延禹施銀壹兩二錢，張天奇施銀壹兩二錢，楊成金施銀壹兩二錢，張文鳳施銀壹兩二錢，張文龍施銀壹兩二錢，霍明祚施銀壹兩二錢，張付遠施銀壹兩貳錢，王正□施銀壹兩貳錢，王來照施銀壹兩貳錢，李現武施銀壹兩貳錢，李現成施銀壹兩貳錢，王明孝施銀壹兩貳錢，王天習施銀壹兩貳錢，馮克儉施銀壹兩貳錢，李九順施銀壹兩貳錢，□學成施銀壹兩貳錢，高奇礼施銀壹兩貳錢，郭康威施銀壹兩貳錢，樊吉盛施銀壹兩貳錢，蘇德合施銀壹兩貳錢，□□□施銀壹兩貳錢，郭世忠施銀壹兩貳錢，□□年施銀壹兩貳錢，□天祥施銀壹兩貳錢，高□來施銀壹兩貳錢，王□信施銀壹兩貳錢，王自仁施銀壹兩貳錢，焦吾滋施銀壹兩貳錢，逯方保施銀壹兩貳錢，李若良施銀壹兩貳錢，李存□施銀陸錢，李□魁施銀陸錢，李兆于施銀陸錢，李翰演施銀陸錢，陈□□施銀陸錢，王□□施銀陸錢，郭禹施銀陸錢，楊國倉施銀陸錢，張文杰施銀陸錢，杜雲貴施銀陸錢，王典泰施銀陸錢，張金□施銀陸錢，李春法施銀陸錢，李九温施銀陸錢，胡全施銀陸錢，□前施銀陸錢，田存善施銀陸錢，安忠元施銀伍錢，王明濤施銀伍錢，李白孝施銀伍錢，高晉□施銀伍錢，王魁童施銀伍錢，梁富典施銀伍錢，高通施銀伍錢，梁□典施銀伍錢，王思通施銀伍錢，丁基金施銀伍錢，李繼節施銀伍錢，郭維倉施銀伍錢，霍章都施銀伍錢，楊成良施銀伍錢，張□元施銀伍錢，賀清福施銀伍錢，刘英施銀伍錢，刘□施銀伍錢，王付典施銀伍錢，陳起富施銀伍錢，孫學成施銀伍錢，孫學□施銀伍錢，樂清雲施銀伍錢，王中元施銀伍錢，孔見生施銀伍錢，喬順施銀伍錢，刘金孝施銀伍錢，刘□吉施銀伍錢，王□有施銀四錢，史天福施銀四錢，趙元直施銀四錢，李財施銀四錢，程得亮施銀四錢，王泰雲施銀三錢，王立姜施銀三錢，梁文安施銀三錢。（以下功德人員芳名略而不録）

石匠黄熙蓮、黄門娃。

乾隆三十五年四月吉日立。

443. 修井階碑記

立石年代：清乾隆三十五年（1770 年）
原石尺寸：高 40 厘米，寬 40 厘米
石存地點：運城市稷山縣化峪鎮南位村

嘗謂水火□飲□之資，同井寓陸鄰之雅。茲因井□階坡歷年久遠，頹朽不堪，不有比以壯觀瞻，而汲水多不□步也。因而合□人等誠心修葺，效力者恐後，不數日而厥功告成，庶乎視□英麗，而舉足復若平途也。□立石以記之，以垂□□云。

牛典施銀三錢七分，刘天濟施銀二錢四分，刘付□施銀二錢九分，刘天有施銀二錢四分，薛天義銀三錢四分，彭永興銀二錢四分，刘付江銀二錢四分，王廷印銀二錢四分，刘□銀二錢三分，賈若廷銀四錢二分，彭杰銀一錢九分，牛海□銀一錢八分，牛海田銀一錢七分，刘月照銀一錢六分，刘君右銀一錢六分，何俊銀一錢五分，王廷舉銀一錢四分，薛仁銀一錢四分，牛□銀一錢四分，薛智銀一錢四分，牛鑒銀一錢二分，刘因銀一錢二分，刘天恩銀一錢二分，何壽銀一錢二分，賈石付銀一錢二分，何朝銀一錢二分，刘慷銀一錢二分，彭英銀一錢，牛起善銀一錢，刘□義銀一錢，薛壽銀九分，薛仁銀九分，王廷佑銀九分，薛天一銀九分，刘天培銀九分，王□銀七分，刘月有銀九分三，刘月彩銀六分一，刘□悟銀五分，刘亮銀二分，王廷相銀四分，薛秀銀四分。

　首事人：楊起威、王廷選。

　石匠：刘自有。

乾隆叄拾伍年五月二十五日立。

444. 重修昭濟聖母廟碑記

立石年代：清乾隆三十五年（1770 年）
原石尺寸：高 175 厘米，寬 70 厘米
石存地點：呂梁市汾陽市賈家莊鎮米家莊村昭濟聖母廟

〔碑額〕：重修昭濟聖母廟碑記

重修昭濟聖母廟碑記

《祭法》云：聖王之制祭祀也，法□□民則祀之，以死勤事則祀之，以勞定國則祀之，能禦大災則祀之，能捍大患則祀……民，及日月星辰、山林、川谷、丘陵，均宜致祀，非此族也，不在祀典。汾陽縣城北四里太和里米家庄有昭濟聖母廟，雖不列諸祀典，而司生育，掌水澤，要亦山林、川谷、丘陵類焉，有其舉之，莫敢廢也。考其始，□□於大明弘治……朝康熙五十六年，至乾隆十七年，增修西房僧室一院。二十四年增建捲棚樂楼。二十七年，住持廣聚出己資六十□，協同糾首募化三百餘金，增修社房三間，前後整修。因徵文勒石。余按《山海经》懸甕之山，晋水出焉，今在晋陽縣西，□□□□名晋祠。其祠本祀唐叔虞，自漢建□妃殿，封號昭濟聖母，凡子嗣缺乏，歲時亢旱，求無不應。以故歷代有封，廟食□□□□靈异。米家庄自建廟以來，子孫振繩，年歲豐稔，且地倚大澗，永無泛濫之患，安知非聖母賜耶？是役也，興功告成，□□□□□曰神助，而人為可憑。向非住持、糾首同心協力，又焉能成一方之壯觀哉！然吾尤願奉神者，各以正直為心，不徒□□□□食。庸愚之具，則神人允協，神之降康，人之獲福，當更有因應不爽者焉。是為記。

孝義縣縣學儒学生員溫德端薰沐謹□，孝義縣縣學儒学生員任宦薰沐謹□。

經管糾首：馬應爵、蔚繼昌、王卿、馬賢、馬耀、王□、王之連、姚象賢、任緒、王家賓、許方元、靳玉德、王大相、馬士魁、馬騰、靳慧、王大經、王松……

本廟住持廣聚，徒緒修，孫本明。

鐵筆匠薛兆虎。

乾隆□□歲次庚寅六月上浣吉立。

恩澤浩蕩

河伯

重建河伯將軍廟碑記

余幼時側見先大人之經營渠工也苦心彈力幾於寢食并忘厥后肥長兄貢生六郎代其
勞攺鑒新渠屈膝於所過地主者幾次后又亡二兄國學生六書代之亦以精勤敻著幾共事
諸先輩率皆壞慨好義志大而才敏故相與有成以永重不朽余本坫嘗書生誤附驥尾常怏
恩義轉相勸勉以無怠厥事鹿羊幾前人之德其與水而長流也勗哉
得六十千有零先備磚死至今年六月而工已竣衆謀勒石以重久遠余曰此其細焉者
北渠之莫得其考據惟東嶽廟建至延祐元年至今莫此爲甚是碑跋正
當祭獻日甚每年六月初六日例獻羊一牽衆拜祝於下有荒凉之感衆乃計血歐興
額壞日甚每年六月初六日例獻羊一牽衆拜祝於下有荒凉之感衆乃計血歐興
先人之烈以利濟三村其事不爲細任之而不力所爲貽辱先人者莫此爲甚是碑跋正
來壞堰屢受徵斂鑿失時三村性命攸關寫見事久生厭夏此渠之日即於頹也夫忘永名
北渠將軍廟僅存又無碑碣可考驗之中渠重修於順治五年而又莫不書所見之人厥后棟宇粗立
河伯將軍廟碑記

本郡廩生王六職薰沐撰
圍城儒士劉克升沐手書

督工紀首　王六職
劉文清　臨辦紀首　杜永旺
尸良相　杜永腸
杜花慶　杜榮

武生王懷瑾　劉克敦
水甲頭劉文清　王伏梅　賈永溫
劉大寶　王光梅　賈永鈞
監督賈錄　王敏卷　王任梁

施樹林人
杜永腸

丹青南元鏡
棟兆小閣賀物拓局戌

乾隆三十六年六月初六日吉旦立

445. 重建河伯將軍廟碑記

立石年代：清乾隆三十六年（1771年）
原石尺寸：高150厘米，寬64厘米
石存地點：呂梁市柳林縣穆村鎮沙曲村

〔碑額〕：恩澤浩蕩

重建河伯將軍廟碑記

余幼時側見先大人之經營渠工也，苦心殫力，幾於寢食并忘。厥后胞長兄貢生六卿代其勞，改鑿新渠，屈膝於所過地主者幾次。后又亡二兄，國學生六書代之，亦以精勤著譽。凡共事諸先輩，率皆慷慨好義，志大而才敏，故相與有成以永垂不朽。余本呫嗶書生，謬附驥尾，常恨北渠之鑿莫得其考據。惟東嶽廟碑云建至延祐元年。至今河伯將軍廟僅存，又無碑碣可考。驗之中梁，重修於順治五年，而又不書所見之人。厥后棟宇粗立，頹壞日甚。每年六月初六日，例獻餼羊一牽，衆渠長拜祝於下，莫不有荒凉之感焉！歲庚寅，適當祭獻之期，諸渠長相與謀曰："此廟之建不可以更諉，其商所以改建之法。"於是計畝斂錢，共得六十千有零。先備磚瓦，至今年六月而工已竣。衆議勒石，以垂久遠。余曰："此其細焉者也。年來濠堰屢受衝激，浚鑿失時，三村性命攸關。竊見事久生厭，余憂此渠之日即於頹也。夫各承先人之烈，以利濟三村，其事不爲細任之而不力所爲，貽辱先人者莫此爲甚。"是碑既立，顧名思義，轉相勸勉，以無怠厥事。庶幾前人之德，其與水而長流也勖哉！

本郡廩生王六職薰沐撰，團城儒士劉克升沐手書。

督工糾首：王六職、劉文清、劉偉法。協辦糾首：杜永旺、杜永錫、尹良相、杜棠。

水甲頭：武生王懷瑾、劉克敬、王永温、杜花慶、劉文清、王伏梅、王光槐、賈鈞、劉大寶、監生賈鍒、王敏庵、王任梁。

丹青：南元銳。

施樹材人：杜棟、胞弟小閏兒，杜永錫，施錢一兩一錢。

乾隆三十六年六月初六日吉旦立。

清（二）

446. 共用井合同碑記

立石年代：清乾隆三十六年（1771 年）

原石尺寸：高 34 厘米，寬 52 厘米

石存地點：晋城市澤州縣西上莊街道龐疙塔村玉皇廟

立義和合同人賀從貴，賈光祖等。

今因龐家圪瘩村與十字村相離咫尺，十字村北有水井一眼，龐家圪瘩村之人皆在此井吃水，由來已久。近因講究社事，十字村又恐被匪暗自投井受累，因此造作井蓋。光祖等因見將井蓋，勢必不容汲水，由此興訟。

今憑中處明，其井仍爲兩村公共之物。其社各辦各事，即恐人命干連，今議明：日後如十字村有投井者，從貴等一力擔承；如龐家圪瘩村有人投井，光祖等一力擔承；如有不知名姓之人尋井而投死者，兩村公辦。事經議明，各無翻悔。恐后無憑，立此合同。一樣二紙，各執一紙，永遠存用。

同中見人：裴謙、吳金甫、董旭、司守恭、裴應興、董茂才、惠標。

立義和合同人：葉士寬、葉崑山、賀從貴、賈光祖、王守才、李燦美。

原合同存碑後。

乾隆三十六年六月□日。

清（二）

447. 創修碑記

立石年代：清乾隆三十七年（1772年）
原石尺寸：高125厘米，寬66厘米
石存地點：臨汾市蒲縣喬家灣鎮太山白衣洞

〔碑額〕：創修碑記

蒲邑縣東，太山之陽，有白衣洞也，其來久矣。左映明山，右旋清亮，其中蔚然而深秀者，白衣洞也。窈而深廓，其……恒悠悠，固一邑之秀脉也。然而地杰神靈，當其旱既太甚，四方多有禱雨之衆，而雲行雨施，一時定應甘霖之降，神□□□□也，不□□□見乎！因而喬蒲二川，被澤已久，公議創修東西廊房，或禱雨而至者，或謝降而來者，必不至有遥居之嘆。奈維石岩岩地……川糾首分平地勢，但神功浩大，獨力難成，于是募化鄰庄，約得三十餘金，以交匠價。故靠山者取其石，逢崖者築其基。其地之所平□□□□餘尺，如其窰房，以俟喬川。兹工告成，勒石刻名，凡效力出財之人，以留于千載不朽云爾。

糾首梁金蒼施銀一兩二錢，糾首柴延世施銀五錢，糾首任增施銀三錢四分，糾首任通施銀三錢，糾首楊法隆施銀三錢四分，糾首郭財施銀六錢，糾首任作蒼施銀六錢，任作楫施銀一兩二錢，張国柱施銀五錢，郭德施銀四錢，王過海施銀三錢六分，王仁施銀三錢六分，任榴施銀三錢六分，刘君聰施銀三錢六分，陶存明施銀三錢六分，趙九扶施銀三錢，王得魚施銀二錢四分，王直施銀二錢四分，王高施銀二錢四分，逯進運施銀二錢四分，任作祠施銀二錢四分，李国升施銀二錢四分，任作會施銀二錢四分，王學文施銀二錢四分，王作友施銀二錢四分，王信施銀二錢四分，成明金施銀二錢四分，成明善施銀二錢四分，刘忠全施銀二錢四分，成明章施銀二錢四分，張學吉、任賀氏、任作壽、任茂生、張興雲、任作藺、任作梅、張国宝、張習德、刘金玉、任作虎、任勛、永興號、任□、任功、王俊、劉文章、王搏、喬振興、刘文進、劉文光、郭生法、田秀、劉德，以上各施銀二錢四分，王有義、史大睿、張學語施銀六錢，任德、任作禮施銀三錢四分，任作勇、曹之男施銀一錢六分，衛恭、衛成棟、趙光明、趙玘才、馬漢武、馬三義、武宿連、刘步高、段明、段成榮、任作岱、姚炎富、楊興明、張心光、双得相、姚洪寶、張文、張心忠、双英、任信、史上達、刘炎隆、任倫、任作生、陳文順、李成秀、李天法、陳天珍、張學春、張黑鎖、王玉益、王玉忠、王玉山、張佳娃、閆文才、閆文宝、梁福仁、逯進忠、柴鍾秀、杜世興、李建德、刘士雲、刘士朝、馬良吉、刘永翠、田周、刘萬德、李国宰、王業品、顧正良、宋天月、曹生榮、刘二康、李得功、刘福元、王進實、賀朝蒼、王天朝、趙德清、康文庫、王福有、閆成明、李玉海、李世興、張法運、刘天法、成明登、成明朝、刘国清、成明朝、王錫麟、成明有、王平元、王有、雷春璽、王廣臣、閆之杏、閆之興、王之輝、閆付運、成明雲、成明列、張洪貴、梁滿、刘克進、李光秀、刘延雲、李興榮、陶存深、劉国富、田大俊、劉威、郭進法、張增、張學會、趙何、郭進德、郭進才、孔盛玉、喬玘、郭佛管、馬金放、張科、宋天盛……

主持居士李如山、耿福宝叩。

童生任價撰書。

時大清乾隆三十七年十二月初一日吉旦。

448. 重修觀音閣并龍王諸神行宮記

立石年代：清乾隆三十八年（1773 年）

原石尺寸：高 135 厘米，寬 64 厘米

石存地點：呂梁市石樓縣龍交鄉甘河村佛廟旁

〔碑額〕：皇帝萬歲　　日　月

重修觀音閣并龍王諸神行宮記

縣之交口里乾河村者有觀音閣乙處，昔人創建，夫豈無故，或因風氣之説而爲此也。當日民人幹止，孳畜繁止，室□盈止，雖曰天□以然，安知非神之所降嘏也哉？知觀音之神號稱慈悲，凡人間諸苦難，罔不普救。所謂甘露敷□愛河，慈航運諸□海，其無疆福綏□□下土者，又豈淺鮮乎？明季流寇猖禍，廟貌殘毀，聖像剝落，神與人胥痛而莫爲之。今有功德主張景瑞、張□□、張光烈人等，□冬發善願，欲重修而復其舊愛。主持人任国興緣勸化各村，舍資粒建觀音閣乙間，塑像於其中，傍建龍王諸神行宮叁間。彼時□入所之，僅以石葉盖其土。厥工苟完，而道人去矣，香火亦復廢。然有善誘儒，四川人，爲人頗諳理性，欲行善道。本村人請而住持於兹，朝聖焚拜，恒以神明在念嗣也。仰瞻廟檐，抚然嘆曰："其非所以妥神之處也。"於是起化衆姓。易石葉而以□覆之，俾風雨不能侵蝕；圖墙而石砌之，俾豚犬不及踐。較昔規摹亦大改觀矣。凡施財助工之名，不可没而不傳。前余求詞以記之。余謂此善事也，遂爲之記矣。

（布施人等芳名略而不録）

大清乾隆叁拾捌年拾壹月初拾日立碑大吉。

449. 重修龍王廟碑

立石年代：清乾隆三十八年（1773年）

原石尺寸：高150厘米，寬65厘米

石存地點：臨汾市蒲縣蒲城鎮刁口村龍王廟

〔碑額〕：皇帝萬歲　　日　月

從來神以人爲栖，人以神爲佑。苟神無所栖，人亦何所佑乎？神人故彼此相栖佑者也，此廟宇之設所由來也。蒲邑南川交口村，古有龍王廟，失銘。乾隆六年，明耀辛翁創立戲亭、佛殿、祖師廟，俱失銘。乾隆己酉年閏七月，康、辛二翁建立送子觀音堂，靈庇四方，物阜民安，迄今歷年久遠，風飄雨濕，廟宇雖未傾圮而損壞者多，聖像雖未倒塌而整齊者少。村中合社糾首等皆目睹而心傷，固結而莫解，即欲重復修理，特念村中人貧財寡，难成盛事。於乾隆三十八年五月初間，天旱禾槁，有李生等無奈祈禱雨澤，許願重修戲亭。遂即顯應。於此月十三日，李生等募化銀十七兩，僅反盖戲亭。此日晚間，幸有張付統來到，同史登、張維周、張克恭動念，祈化其間，樂輸布施，雖有多寡不同，而福田種德，理自無异。廟宇焕然一新，聖像煌然光彩，戲亭壯然可觀。善人君子樂輸布施，共成盛事，理宜勒石書諱，永垂不朽，表揚余心云耳。

蒲縣張克恭敬撰，武鄉縣李游沐浴書。

武鄉經理糾首：史登施銀一兩二錢，李生施銀一兩，李進元銀一兩。平邑經理糾首：張付統施銀一兩五錢，趙雲達銀一兩二錢。蒲縣經理糾首：李振林施銀一兩二錢，張維周施銀一兩三錢，張克泰施銀一兩二錢。

泥水工賈弘側、鐵筆工蘇□□。

乾隆癸巳年丁巳月乙巳日吉立。

皇帝萬歲

450. 擴建龍王廟碑記

立石年代：清乾隆三十八年（1773年）
原石尺寸：高130厘米，寬56厘米
石存地點：太原市古交市嘉樂泉鄉佛堂坪村聖母廟

〔碑額〕：皇帝萬歲

盖聞龍王，行雨神也，其事迹皆未深考，安敢挾管窺之見以表萬一？然風行而萬物鼓動，雨至而百穀生成，此其庇我下民，爲何如也哉？予弗堂平村，自先人創修廟宇三間，時時蒙不盡之休，歲歲享無窮之福。但其規模太小，不足以狀其觀瞻。三十六年，村中又欲建造兩廊，新修戲臺，以報神恩，以答聖德。無奈工成浩大，非施地施財之有人，則事無緣而起；非募化經理之有士，則功何由而成？于是神前一議，人莫不欣然相助。今功已就，應當勒石以銘，不然則神聖之有灵有感弗彰，則衆人之勞心勞力亦不著矣。今皆囑予爲文，詎敢妄爲鋪張？不過據其目之所見，耳之所聞，以垂其事于不朽云。

本族生員李治綸撰，李崇德書。

捨地功德主李門趙氏，男扶碑功德主李尚德、張氏。募緣糾首李崇德、閆氏，孫男六斤、七斤扶碑喜施銀拾貳兩伍錢。捨木植功德主李廣忠、許氏，男治□、王氏。募化糾首治秦、閆氏，李治燕、程氏，孫男仲科、郝氏，二仲子、閆氏，三仲子、成子、寇氏，二成子、戍成子施銀貳兩。扶碑功德主李治鴻、孫氏，男總管糾首李謨山、張氏，李烈山、三元，孫男求成子施銀柒兩。募緣糾首李治文、楊氏，男李安、張氏，李□、閆氏，孫男虎辨、張氏，二虎子、三虎子、新王子施銀伍兩。募緣糾首李治英、張氏，男李魷山、張氏施銀貳兩伍錢。募緣糾首李治魁，男李富德、張氏，李貴德，孫男刀器兒施銀貳兩伍錢。經理糾首李治國、耿氏，男李福山、閆氏，李富山、寇氏，侄男李洪山，孫男狗毛鞋施銀陸兩。李門周氏，男經理糾首李學文、邢氏，李學武、王氏，孫男勒碑成，立碑有施銀伍兩。李廣義、孫氏，男經理糾首李文忠、張氏，李文孝、張氏，李文臣、程氏，孫男李尚科、王氏，李尚□、閆氏，李尚昇施銀三兩。李門閆氏，男經理糾首李好德、閆氏，李仲德、張氏，李虎山、閆氏，李尊德、王氏，孫男二小子、成子、得會、成定、成子施銀貳兩。

陰陽生王□。

乾隆叄拾捌年七月十一日立。

451. 重修孔雀寺佛殿及山門新建龍王廟及鐘樓東禪房記

立石年代：清乾隆三十八年（1773年）
原石尺寸：高125厘米，寬58厘米
石存地點：陽泉市盂縣北萇池鎮藏山祠

重修孔雀寺佛殿及山門新建龍王廟及鐘樓東禪房記

國家之要務不越教養二端，而鄉民之所自相重者，亦在乎此。教之出於儒門者，固不待言，而他道亦可擇而取之，養之□□□□□者固不可少，而神功亦嘗默以助之。佛道雖不能此類，施行其慈悲之爲教也，情深……人□獲其膏澤之爲養也。德普住持李本倖請東西關頭、杳草坪衆善士募財鳩工，重修佛殿□□□，新建龍王廟鐘樓及東禪房。又因費用不足，□廟松一株，以畢其功。新廟孔成舊殿，不故此□□□□噲喊喊彼也，咏其實實枚枚。既仰古皇之安居，又占大人之利，見雷音和乎獅吼，甘露滴於蓮花，將見陰雨□□□雨，并垂密雲與慈雲交作。衆生潤於人功之水，萬井豐於十日之霖，情性由是而藹洽，身家由是而□寧。教□□道於是乎有得此，佛與龍立之所以祀，而廟之所以修與建也。因爲之記。

儒學生員王矩撰文，儒學生員王三錫書，樊□□篆額。

糾首樊□、男維臣施銀貳兩，李進店施銀貳兩壹錢，樊泗□施銀壹兩捌錢，張玉□、男□德施銀壹兩柒錢，張欽、男辰金施銀壹兩□錢三分，王來福、男□施銀壹兩貳錢伍分，樊自宇施銀壹兩貳錢伍分，李世全、男文施銀壹兩貳錢，樊自進施銀壹兩，王得立施銀壹兩，樊增□施銀壹兩，王暢施銀□錢，樊自□施銀伍錢，劉主枝施銀伍錢，王□金、男鬱施銀伍錢，李成德施銀貳錢，監生王得名施銀貳兩，樊瑞施銀壹兩。

住持……

木匠岳□，石匠郭丕□，泥匠□□□。

大清乾隆歲次癸巳三十八年七月吉日立石。

452. 北張村創建猛水碑記

立石年代：清乾隆三十八年（1773年）
原石尺寸：高105厘米，寬55厘米
石存地點：臨汾市霍州市大張鎮北張學校

〔碑額〕：渠規永照

北張村創建猛水碑記

嘗聞百物生育，上係天時，下資人力。田間水道……古先王經書區處，其爲生民計者焉已至矣。迄年来，渠道……水俱皆臨河空羨，袖手於高崗之上，其何以濟枯干而……者不少矣。村内人等互相聚議，集攢土産通財，合……内，則盈寧有慶，庶公租早付而糊口有資矣。……而議定上輪下接，挨次澆灌，周而復始，□有……以数計之日後，上水淘渠。議定拾畝……倘日後河漲，適逢輪流水工，渠長擊……容□許有水工者澆灌，若水勢断岸数尺，必須……工者照常澆灌，於興工之人撥水壹渠，水落石出。興工之人不……之石上，永誌不朽。

撰文書寫李金聖□。

□□縣喬杰刻。

乾隆三十八年歲次癸巳十一月甲子戊辰日立。

453. 水利殘碑

立石年代：清乾隆三十八年（1773 年）

原石尺寸：高 160 厘米，寬 74 厘米

石存地點：運城市新絳縣三泉鎮席村

〔碑額〕：永垂不朽

乾隆三十八年四月三十□日，書吏常、快頭張稟太老爺案下，遵將查明各庄□□□無□地及井地眼數、辦銀數目并各庄投河井、作何澆灌地畝舊規詢處。各庄各開各單，理合稟□。計開□番日期井眼地□澆灌舊規於後。

三泉□晝二夜，俱□□田，并無井地，庄頭周發義、孟達遴。

白村□□家庄三晝二夜，水地三百六十畝，投河井四十眼，井地一百□□六畝，每畝辦粮八升，舊規□□不分前後，投河井隨便澆灌，八庄總管老人陳□□、周□□、張永□。

□□□□□□一晝二夜，水地一□畝，并無井地，庄頭□學文，柴起平。

上□□二晝一夜，水地二百八十畝，投河井八眼，井地二十餘畝，每畝辦粮□□，水井地番到，□次澆灌，庄頭許子強。

下孝陵三晝三夜，水地三百餘畝，投河井八眼，井地四十餘畝，每畝辦粮八升，水井地番到，挨次澆灌。庄頭□□。

上石村二晝二夜半日，水地二百餘畝，投河井四眼，井地十畝零，每畝辦粮八升，水井地番到，挨次澆灌。庄頭王伯順。

磨頭庄二晝□夜，水□地三百五十餘畝，投河井一眼，井地二畝九分，每畝辦粮八升，水到井邊，□水灌□。庄頭侯帝林。

祁郭庄□□□□五□三晝四夜，水□地三百餘畝，□□投河井。庄頭馮克仁。

北關廂四□□□四夜，水地□□□十畝，并無井地。庄頭儀學□。

具遵依人王君荃，今……

劉太老爺案下，緣王□□□□……訊明立案，□□遵斷，照依古規，水番轉到水地……次并灌，不分先後，情願……爭□□□是……

具初……

劉太老爺案下，緣□□王□□與王□荃等□爭灌澆地畝一□□□訊斷，各照古規灌澆，諭□□實遵依，鎖□□父緝敬不家，小的情甘代父呈遵依。小的恪遵……嗣後□□□番□灌地畝日期，遵□古規，□將□挨次輪灌，永□敢紊□古規，滋事累案，如再妄爭生事，甘加倍承罪。蒙諭投具，切實遵依，小的遵諭呈具……

投河井地共呈人：晋起富、王□、王□荃、王□□、王□元、□君菖、□朝棟。

□二水地呈人：王□介、王善治、王化新、王萬年、王君苓、王璿、王志誠、王孔峰、王喬惺、王璞藏、王楚珩。

石匠：家富榮、家天命。

454. 建立龍王土地廟碑文序

立石年代：清乾隆三十八年（1773 年）
原石尺寸：高 170 厘米，寬 107 厘米
石存地點：臨汾市吉縣人祖山

〔碑額〕：建立碑記
建立龍王土地庙碑文序

盖聞山西平陽府吉州北庖山而上，古有仁祖……外有山神土地神庙，每庙者一間之……風吹雨浸，其庙損毀勿一日，万民過之也，聞者難，見者啼……雖庙遠□，照應不到，無人領袖。今□大清乾隆三十七年□□，平陽府臨汾縣善者居士張道提□□管老，言説上有龍王庙，下有土地庙，坡欄可該修之。衆人公議，起盖龍王殿三間，翻盖山神土地庙一間。四柱内擺，住□□□□化，同辦聖事，□報風雨之恩，鄉虎不侵；妝塑金身，龍王童子、風婆雨神、雷公電母，二位朝神。功成豪大，獨力□□，□□十方資官、長者、舉監生員、善男信女，喜捨資財功果，由神畢佑之風調雨順，五穀豐收，祈保平安，福壽高增，□□□□刻名，万古留傳，施捨之名姓，開列與後。

白子滿、陳廷富、曹化平、李未施銀五錢，王加富施銀一錢，高家瑤科白成連施銀□□，李東勝本身施銀一錢，洪洞縣薛大生施六錢，趙縣郭永□施銀六錢。嶺子上王白緒、張清萬、裴忠、張金保、張成共施銀一兩三錢，徐家□□□□施銀七錢，鄭九智、薛貴富、陶□雲、李秀英、閆□林。正子莊段鳳施銀一兩三錢，□村張金英施銀一兩二錢。（以下功德人員芳名略而不録）

住持居士師是喬常修，門徒張道提，徒孫張普榮、黄普貴。

歲次乾隆三十七年二月起工，六月十六日功完，三十八年□□十九日吉時立石成功。

455. 移修護國海瀆龍王廟碑記

立石年代：清乾隆三十八年（1773年）
原石尺寸：高33厘米，寬62厘米
石存地點：長治市武鄉縣韓北鎮焦龍廟遺址

移修……龍王廟碑記

　　闊墾山之膝，有岩洞焉，□瀆焦龍神之水府也。地鄰□□黎城……石分多而土分少，每值……制僻隘，積久已頹，將欲移建他所……之靈，助以地之靈，而利澤於民……承縣尊爲民祈稔之意，力任其……正面創神殿三間，兩旁列廊……已殫矣，而諸人之精力已憊矣。

　　（以下文字漫漶不清略而不録）

清（二）

皇清

456. 北敦張莊穿井碑記

立石年代：清乾隆三十九年（1774 年）

原石尺寸：高 128 厘米，寬 55 厘米

石存地點：運城市鹽湖區三路里鎮楊家門村

〔碑額〕：皇清

北敦張庄穿井碑記

久矣哉！無水而困者之不勝其勞瘁也。一旦有之，樂何如哉。雖然事之奇而可喜者，皆理之常而有定者也。乾隆癸巳冬，予浚井中有清泉，瀚然而仰出，因不覺亟稱於水曰："天一生水，地六成之，潤萬物者，莫潤乎水，水之德大矣。言夫既有聞於予者，曰行有五，而水爲首。水潤物而人爲貴，人之於水所賴以生，不可一日而無也。彼山下出泉者，觀其流□，挹彼注兹，則易耳。而居山之麓，土厚水深者，豈不難爲水乎？"予曰："水之在地中□，所往而不在也。若闕地及衆斯土，養而不窮，故水就下也，而有汲之，使上者金能生水也。而有出之不上者，水哉！水哉！質具於地，而澤及於物，以上出爲功矣。"乃或與予詼諧曰："坎爲水而位於北，北非水王之地乎？如予敦張庄之北有北敦張庄者，宜其如北敦張之清泉石上流也。而乃井深四十餘仞者何故？"予亦戲而答之曰："如子之說，豈欲枕石而漱流乎？深而足斯可矣，彼不及衆而止者，皆弃其井也，豈真無泉哉！"甲午新春，予表弟雷春雨自北敦張庄來云："聞兄鑿井得泉，至足矣。敝庄亦歷年缺水，不堪洞酌之苦。自乾隆三十五年，遵堪輿家言，卜井於貴庄耆老王玉印地，毲井而修，許不□值請，俟井冽寒泉而食。今幸井收有孚，元吉在上，將勒珉以垂永久，請兄爲文以記之。"予愧言之無文，不能成章，因悉次是語，并叙其井地之廣闊，分數之多少，俾後之人得有所考而渫之，以并受其福云爾。

本邑庠生王盛德戒愚謹撰，敦張庄後學王賜錦尚之敬書。

計開井地東西一丈一尺，南北一丈二尺，道闊二尺。不許頤畜入地。共作一十五分。

三十五年十有十二日穿井，三十六年三月十五日及泉，井深三百三十尺□，做工出銀者共七十五分。

雷允治八分，雷禄章六分，雷文帝一十五分，雷增章七分，雷得中七分，雷盛章五分，雷立章五分，雷朋隆四分，雷盛英六分，雷重章四分，雷鳳林三分，雷棟章五分。以上七十五分，共費銀五十兩。連地分共九十分，各依分数分水。

首事：雷文帝、雷禄章、雷春雨。

石工雷春雨刊。

乾隆三十九年歲在閼逢敦牂端月上元前二日立。

龍王廟增修石墻記

堂於隆而起之者是為記

龍王池壹口之東瀕也長河自北而南從塞外入中土山石乍收斂如龍嘗傾萬仞而下之不可以方舟與也商旅貿遷者之樓
至止必達早出水濱遵循石磴歷險而降踰十里底孟門更筏入水而後去所以禱祝崇祀者惟龍王是敬而龍王之神以保佑
錫福者其靈應亦甚顯異焉此迤古有廟一楹後人改為三間太宇楊公因公務謁廟建立東西兩廊六股協
力更建獻殿三間樂樓一座門垣墻砌廢襄足以妥侑神明矣通年來道人楊大美慕諸西方鳩工鑿石建立石墻周圍百十餘
高一丈五尺既固且碩功戌不幹六股人嘉賴之刻石立碑以誌不朽而問序乎予坒雒吉州之濱大河也典土宇版章亦奠
遠潤焉城分內外而今則裁而蓋矣楊公之建立兩廊神之今則隸平陽兵而斯迄之斯天下事亦何
增其弍廊而保其墻垣此果道士之力與與柳亦惟神之靈有以感人之速入入之深而赫濯不可襄越越古不改是所
之有異日者更飭廊而大之沍而麗之其祠宇巍煥觀瞻悚其威威赫赫敬辰春祈秋報倬與大河

候銓復諗 教諭文城曹謙撰
增學 廣生員陳時泰書
儒學

主員楊兆杞
六股文苑良三兩
古界各村施員十六兩 陝西太湘灘浚股 銀叁兩
中市股苑良五兩 前王明等加銀叁兩
南村股苑良五兩
特煖大軍曹正司丁遂黄苑良四錢

留村股泚員一十五兩
本萱
寡爷
委劉奉先苑良三錢

百事人

457. 龍王廟增修石墻記

立石年代：清乾隆三十九年（1774 年）

原石尺寸：高 219 厘米，寬 96 厘米

石存地點：臨汾市吉縣壺口景區龍王廟

龍王廟增修石墻記

龍王汕，壺口之東滸也。長河自北而南，從塞外入中土，山石乍收，斂如瓶罍，傾萬仞而下之，不可以方舟與也。商旅貿遷者泛□至止，必逮早出水濱，遵循石磴，歷險而降，逾十里底孟門，更筏入水而後去。所以禱祝崇祀者，惟龍王是敬，而龍王之所以保佑錫福者，其靈應亦甚顯異焉。此汕之所以得名也。亘古有廟一楹，後人改爲三間。太守楊公因公務謁廟，建立東西兩廊；六股協力，更建献殿三間，樂楼一座。門垣階砌，庶幾足以妥侑神明矣。邇年來，道人楊大美募諸四方，鳩工鑿石，建立石墻，周圍百十餘步，高一丈五尺，既固且碩。功成不矜，六股人嘉賴之。刻石立碑，以誌不朽，而問序于予。予維吉州之濱大河也，其土宇版章亦云遼闊矣，城分内外，而今則裁而西矣。楊公之建立兩廊也。固堂堂直隸吉州知州者，而今則隸平陽矣。而斯汕也，斯廟也，乃得以增其式廓，而保其墻垣，是果道士之力與？抑亦惟神之靈，有以感人之速，入人之深，而赫赫濯濯不可褻越也？雖然天下事亦何定之有，异日者更能廓而大之，壯而麗之，其祠宇彰其巍煥，觀瞻悚其威赫。暮鼓晨鐘，春祈秋報，俾與大河□□□古不改，是所望於踵而起之者。是爲記。

候銓復設教諭文城曹謙撰，儒學增廣生員陳時泰書。

留村股施銀一十五兩，古縣合村施銀一十二兩，中市股施銀五兩，南村股施銀五兩，存心、上市、東頭股施銀五兩，古縣、關裡、文城、姚家畔股施銀五兩，下市、南寺、楊家窰股施銀五兩，史家庄張希禹施銀四兩，六股又施銀三兩，陝西太湘灘前後股生員楊兆机、楊大紀、蘭玉明、李尔提、王引净、監生李希孟等施銀三兩，特授大寧營正司丁繼貴施銀四錢，本營外委劉奉先施銀三錢，廣裕號任永安、陳汝信、白相愛三人施銀六兩，興縣任配天施銀一兩八錢。

首事人：張存心施銀四錢，監生馮纘唐施銀一兩，郭成都施銀五錢，張俊志施銀二兩四錢，吏員葛長蔚施銀五錢，馮天福施銀一兩二錢，生員強心穎施銀一兩，葛文賢施銀二兩四錢，張燦施銀一兩二錢，郭大孝施銀一兩，張俊孝施銀二兩，生員曹成璋施銀六錢，郭大珣施銀一兩五錢，張全□施銀一兩二錢，強典一兩二錢，葛巍生一兩五錢，張問峰施銀六錢，馮明仁施銀七錢，男生員□□、葛有生、葛威生施銀一兩五錢，張問賢施銀一兩五錢，生員張克信施銀八錢，郭希孟施銀一兩二錢，張文運施銀一兩二錢，張建功施銀一兩二錢，葛長魁施銀一兩二錢，生員強鶴施銀二兩四錢，張先功施銀一兩，張希禹施銀三錢，監生張國泰施銀一兩二錢，張國鵬施銀二兩四錢，姚緝唐施銀四錢，張克功施銀八錢，生員曹成璧六錢，郭成道五錢，郭宗善一兩，张玉順六錢，張國印八錢，生員郭成嵋五錢，生員葛長年一兩，葛寅林三錢六分，張雲一兩二錢，梁繼唐五錢，生員史龍章一兩二錢，生員史名世一兩，生員郭希範二錢四分，生員馮天德六分，生員郭選賢二錢四分，馮希舜六錢，郭林賢二錢四分，郭漢賢二錢四分，生員葛迪吉八錢，生員郭□□一錢二分，白生貴一兩，葛慶林三錢六分，強過周六錢，王有才二錢四分，強吉三錢六分，強玉才一兩二錢，曹經初六錢，生員郭宗□一兩二錢，生員郭成榕六錢，生員葛成明□□，葛瑞賢□□，郭天花五錢，曹亮一兩，葛長茂一兩八錢，葛成生一兩五錢，葛廣生一兩五錢，監生葛尚純一兩五錢，張希孟、張建臣、張建相、史冬遷、馬爾梅、張先會、強雲、強心聰、張時斗、張先功、張普、張大強、張宗□、史□□、張問柏、張弘光、張友賜、劉□榮，以上各施銀一兩二錢。

（以下功德人員芳名略而不録）

乾隆叄拾玖年歲在甲午拾月之吉，同立石。

458. 重修蝦蟆龍神廟碑

立石年代：清乾隆三十九年（1774 年）

原石尺寸：高 110 厘米，寬 53 厘米

石存地點：陽泉市盂縣上社鎮大西里村

〔碑額〕：萬古不磨

思生靈者神□，而非其地則不足以顯靈；奉神者人也，而非至靈則不爲之供奉。若是乎神以地靈，人因靈祀也。昔大西溝村，舊有龍神行宮，在村裡對畔，地勢雄壯，久稱神境，不知創自何代，幾次重修。上建正殿一座，禪房數間，凡遇灾情天旱，有禱即應。且鄰村十餘處，至每年七月之朔，牽牲献貢，胥致祀焉。苟非神之靈應，深入乎人心，使人皆享福，安能令衆村屢祀不絶也哉！□□日久，風吹雨洒，遂至墻垣損壞，棟宇凋殘。睹此廟者，群然不樂，以爲家給人足皆神之力。而殿宇零落若此，其奚以消灾、□□□斯人乎？乃有信士李成章、李德義等，因與衆人議重修。人皆踴躍，欣然樂從，捐輸銀兩，共襄勝舉。募緣僧人澄㑖。僅數月間乃□工告□，正殿較前更增峻麗，足壯神威。□而禪房與鐘樓亦煥然生輝。此雖人力所致，要皆神之靈應使然也。爰是勒石□□後人庶□□可永久不墜而人之獲福尔，典爲無窮也。

庠生李家庄李德馨薰沐撰并書。

（以下功德人員芳名略而不録）

畫匠栗萬彩，瓦匠郭昌，木匠李光有、李光元、張珠。

清乾隆三十九年……

清（二）

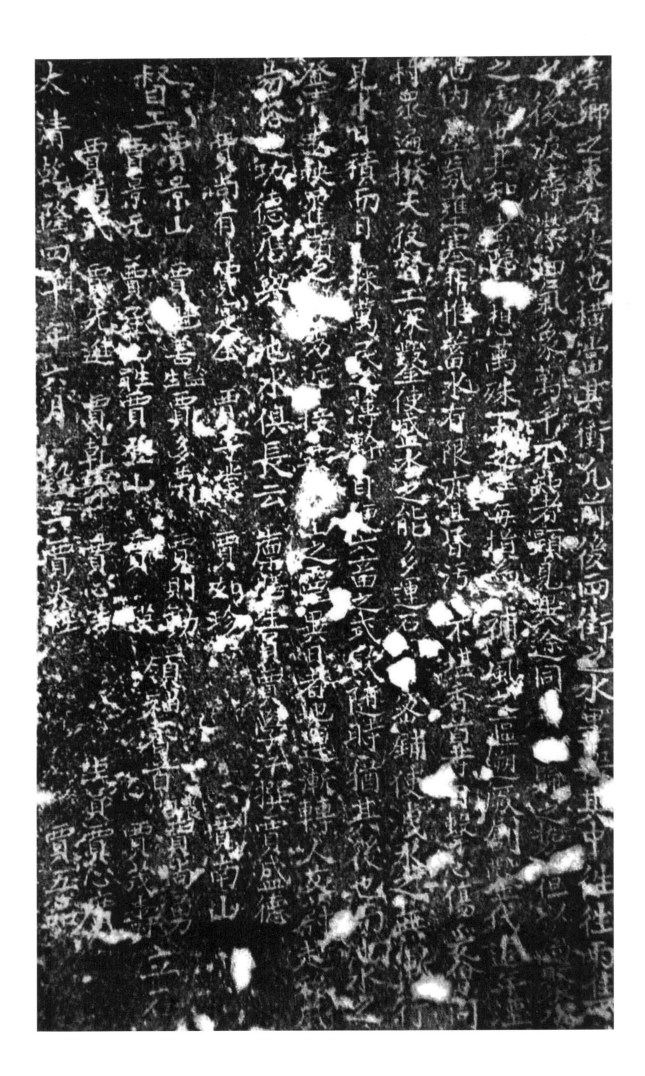

459. 天池碑

立石年代：清乾隆四十年（1775年）
原石尺寸：高82厘米，寬42厘米
石存地點：臨汾市洪洞縣劉家垣鎮羅雲村

　　雲鄉之東，有波池橫當其衝。凡前後兩街之水，畢投其中。往往雨集之後，波濤瀠洄，氣象萬千。不知者顯見异途同□歸之勢□，但以爲聚水之處也；其知者隱想萬殊□□□，每指爲補風之區。溯厥創鑿，代遠年湮。池内塵氛壅塞，非惟蓄水有限，亦且昏污不堪。香首等目擊心傷，爰會同村衆，遍撥夫役。督工深鑿，使盛水之能多；運石密鋪，使泄水之無漸。行見水日積而日采，萬民之薄澣自便，六畜之式飲隨時。猶其後也，而池水之澄清，遠映霍嶺之秀，近接雲山之靈。异日者地運漸轉，人文蔚起，□□易俗之功德，應與池水俱長云。

　　廩膳生員賈學汗撰，賈盛……
　　（督工、領袖香首等芳名略而不録）立石。
　　大清乾隆四十年六月穀旦。

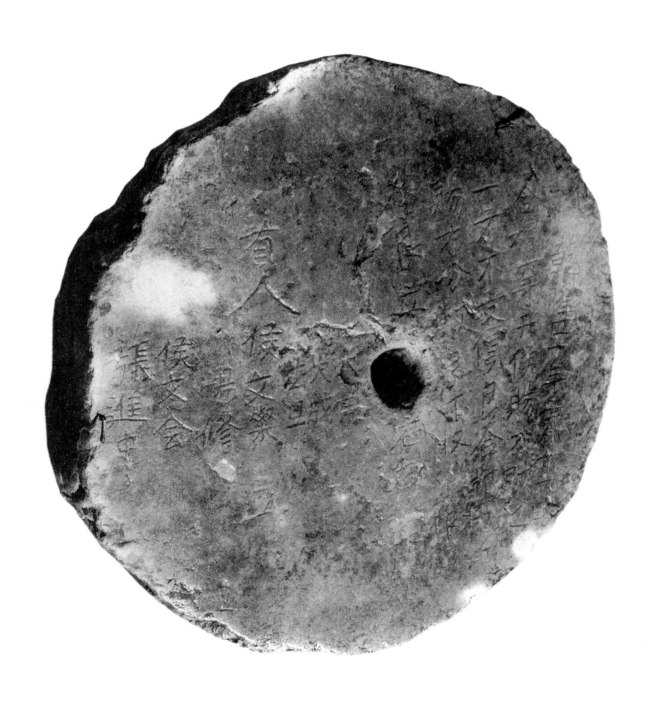

460. 營子村穿井石題記

立石年代：清乾隆四十年（1775 年）

原石尺寸：穿井石直徑 118 厘米

石存地點：運城市芮城縣陽城鎮營子村

　　乾隆四十年二月十六日，合村穿井。侯賜才助地一方，不受價銀。合村將賜才分数銀不收，以作分銀，立石存用。

　　首人侯大用、侯大成、侯法旦、侯文燦、侯惕修、侯文会、张進中立。

461. 平陽府通利渠告示

立石年代：清乾隆四十一年（1776年）
原石尺寸：高120厘米，寬62厘米
石存地點：臨汾市洪洞縣辛村鎮石止村

〔碑額〕：通利渠碑

興定二年，蒙山西都察院大老爺吳、本府大老爺張，趙城之石止、馬牧，洪洞之辛村，開廣豐渠一道，寬僅五尺，灌祗三村。至元三年，下流村有米亨等設席，央求接渠使水，改爲通利，渠道深掏闊鑿，侵占上三村水地七十餘畝，并無地價、國賦，灌溉一十八村。且上三村爲□助工開渠，被崖倒打傷王攀攀、李丑丑二命。此等苦情遽數難終。於是下十五村許上三村任便使水，永不犯例。至嘉靖五年七月間，汾水泛漲，將渠塌斷四十餘丈。亢旱六載，夏秋無望。吳村喬秀等備價買渠，中隔登臨村地畝，捍禦不行。石止村王志會等心懷濟民之德，率領三百餘人，強將登臨地畝剗成渠道。登臨村郭天壽等聚衆鳴鑼，兩里相打，各將情由具告。分巡老爺賈批本府大老爺等，委霍州、靈石、汾西會同趙城、洪洞、臨汾等縣官踏看明白。會申本府大老爺，轉呈分巡老爺會議，申請撫、按兩院照詳定斷：登臨村地每畝出價一十五兩；將王志會、許復剛問發朔州充軍；徒杖一十九名喬秀等；備知上三村苦情，永許上三村任便使水。碑記可考。不料康熙三十四年地震，將渠塌斷。蒙府憲秦大老爺諱棠捐銀一百八十兩，買地修渠，萬民獲無窮之福。爰是創立庙廊，春秋敬祭。竊思通利渠一道，澆灌趙城、洪洞、臨汾三縣一十八村□□七百餘頃，内分四節：趙城之石止、馬牧，洪洞之辛村，爲上三村；洪洞之南段、北段、公孫、程曲、李村，爲上五村；洪洞之白石、杜戍，臨汾之洪堡、南王、大明，爲中五村；臨汾之閻保、吳村、太澗、王曲、孫曲，爲下五村。每年各設渠長、溝頭，興夫使水。立定渠規，歷有年□。近因下十五村與上三村爭訟不息，隨蒙河東道□□大老爺念切，民依酌量變通，立爲振渠分水之法。條例開後，彰彰可考。

琅琊王問可書，高涼寧若全刻。
首事溝頭七十二頭、十二總甲。
乾隆四十一年六月吉日立。

清（二）

1017

新建狐神祠碑記

462. 新建狐神廟碑記

立石年代：清乾隆四十一年（1776 年）
原石尺寸：高 120 厘米，寬 60 厘米
石存地點：太原市古交市馬蘭鎮北社村狐神廟

〔碑額〕：皇帝萬歲

新建狐神廟碑記

嘗謂：片念精誠，可以感天地；一時締造，可以動鬼神。粤稽狐神，生前爲晋大夫，没後□利應侯。耿耿丹心，同壯山河之色；恢恢忠氣，并爭日月之光。交邑北門外，神廟輝煌。馬鞍山仙洞靈應，四方之民，亢旱祈禱，共沐庇庥之德，均沾雨露之恩。屯蘭都北舍村創建狐神廟由來舊矣，鄉人求風求雨多有靈感，其受福寧有涯乎？住持源闈仰瞻廟宇，既慮崖之褊狹，又虞風雨之漂搖，意欲拆古廟移建社內。無基。闔村住持公議，懇乞馬在倉施地基十奉，杜洪相施地基一奉，一半受價銀叁兩。僧人欣然曰：先有建廟之基，可行募化之事矣。乃沐卜吉日，公議糾首。先化本村施主，後募化十方善士，無不慨然樂輸。約計其數，共有數百金。由是鳩工庀財〔材〕，共襄盛事。正面大殿三間，西面禪林社房，東面墻垣以及南面樂臺、山門、鐘樓，無不煥然聿新。猗歟盛哉！廟既成兮妥靈神，神心慰兮庇萬民；萬民安兮均樂業，四時賽兮享祀禮。而今而後，遠遠香烟，直并青山；永嵜悠悠，德澤堪同，綠水長流。今值吉竣之餘，勤劳者宜標名，施銀者當表姓。爰勒貞珉，以垂不朽云。

邑庠生武吉仁頓首撰，施銀乙兩，本村馬得龍沐手書。

經理糾首：馬現明，男馬得还、馬得□、馬得旺、馬得哲，孫男馬在安，施銀叁兩肆錢。王月義，男王振興、王振業、王振旺，孫男王子文，施銀貳兩壹錢。王大英，弟王大杰，男王廷輔，孫男王子瑜，施銀貳兩。閆伏札，男閆守成，施銀貳兩。馬在倉，男馬生騏，施銀叁兩貳錢。馬門張氏，男馬得龍，侄男馬得虎，孫男馬在盈、馬在實、馬在滿、馬在堂，施銀伍兩壹錢。馬得寶，男馬在賢，孫馬洪基、馬洪紳、馬洪業、馬洪長、馬洪浩，施銀叁兩伍錢。王門游氏，男王万保、王万庫，施銀叁兩壹錢。閆貴金，男閆强，孫男閆廷侶、閆廷佑、閆廷健、閆廷偉、閆廷位，重孫男閆富勢、閆富力、閆富藝，施銀拾兩。杜弘相，侄男杜廻，施銀叁錢。王付昌，弟王付太，男王三位，侄男王三根，施銀玖兩肆錢。馬得敞，弟馬德訓，男馬在稳，侄男馬在剛、馬在强施銀肆兩壹錢。徐茂財，男徐先貴，孫男徐滿順，施銀叁兩□錢。游生保，男游以道、游以豢、游以德、游以章，孫男游志銘、游志銳，施銀陸兩貳錢。王長魁，男王恩鴻、王恩鴿、王恩□、王恩成、王恩元，孫男王宴富、王宴貴、王宴□，施銀陸兩貳錢。

陰陽武孟敦施銀貳錢，木匠李□美施銀貳錢，泥水匠康玉旺，瓦匠李生富施銀三錢，画匠刘生亮、武廣寧施銀□錢，玉工刘士潮、刘士海、朱現章二錢，康玉□銀三錢。

修造住持僧源闈、源德，們徒廣安、廣慶，法孫續成、續繼，玄孫本膺、本厚。

大清乾隆歲次丙申年庚子月甲申日吉時立。

463. 重修五龍王廟碑記

立石年代：清乾隆四十二年（1777 年）
原石尺寸：高 195 厘米，寬 80 厘米
石存地點：長治市襄垣縣五龍廟

〔碑額〕：重修五龍王廟金妝聖像碑記

重修五龍王廟碑記

自古稱龍者，必曰神龍。神也者，蓋以其興雲致雨、変化屈伸，有不可得而測識之謂也。顧余謂物之神者，無在而不見其爲神，即興作之際而儼若有神助焉。

邑北郭□舊有五龍王廟，創建不知何年。稽其重修之歲，碑碣可考：一於至正之十年，一於景泰之五年，迄我朝又已三百餘載矣。日久凋零，漸致殿無完宇、僧無寧居。樂樓之臨於甘水者，屢被侵塌，岌岌然有累卵之形。邑人目觸心傷，屢欲修之而弗果。甲午歲，有本坊總約王永財等奮然議修。爰謀之衆，衆以工程浩大，有難色焉。永財曰："神依人，人亦依神。義舉一倡，敬神之心人孰無之？況神澤潤萬物，□被蒼生，歲祀弗絶，可徵其福力綿遠矣。今誠動衆修理，又安知不有神之默助也乎？"於是，士民之在本坊者，各先踴躍，急公解□共濟，復勸募邑之城鎮鄉村，以增其未逮。飭衆庀材，百工俱舉。未幾，而殿宇重新，巍峨在望矣；未幾，而兩廊壁立，修茸改觀矣；未幾，而樂樓移建，永無河塌之患矣。而且畫彩鮮明，金碧輝煌，山門、墙堵，無不煥然一新。是役也，所費不下千有餘金。距始於乾隆甲午之六月，告□於乾隆丙申之三月。其經始也若甚艱，而其垂成也若甚易。何不期而工程就理如斯也？衆以是歸之永財，永財不居；永財以是□之衆人，衆亦不受。而余即以是爲神功之克佑也云爾。廟既成，香烟輻輳。人民作睹者，無不共慶大觀。將見神依□立，人賴神庇；甘雨和風之應，民安物阜之休；有不日享無疆之福澤也哉！余不敏，但以事屬盛舉，義不獲辭。因不揣固陋，而爲之記。

一時總理成功者：王永財；糾工者：王玘現、李芝、李萬財、吏員李然、傅瑞、侯體元；管賬：監生王德潤；勸募：監生趙錫齡、生員李鍾玫、王天福、李鍾瑞、吏員秦德昌、李天瑶、趙振嗣、王憲文、李天一、路延儀、王臣、郗永執、史元良、陳王華、李步青。復有里老郝召等二十八人例得備書，以誌不朽。

歲□士候銓訓導孟士杰篆額，邑庠廩膳生員趙培翼撰文，邑庠增□生員趙乘時書丹。

特授文林郎襄垣縣知縣陝西乙卯舉人賈慎行，特授文林郎襄垣縣知縣順天己卯舉人李廷琰。

（以下碑文漫漶不清，略而不録）

時皇清乾隆四十二年歲次丁酉黃鐘月穀旦立石。

重修碑記

464. 陳家莊官房重修碑記

立石年代：清乾隆四十二年（1777 年）
原石尺寸：高 110 厘米，寬 54 厘米
石存地點：晋中市和順縣牛川鄉陳家莊村

〔碑額〕：重修碑記

盖聞春祈秋報，所以酬神功；祭天祷雨，所以答聖德。神之不可不敬也，固已昭昭矣，孰謂廟可少乎哉！陳家庄旧有官房一座，凡課晴問雨，粮災祈福，胥於此地告虔焉。第多歷年所，墙垣毁壞，□□無所，村人何以恃歲？丁酉，合庄公議，施財效力，重修補旧，焕然一新。俚言勒石，以垂不朽云尔。

牛川村庠生馮秀拜撰并書。

秦家庄庄主陳□菫於康熙五十二年施舍山神廟五道廟地基并樹，秦家庄陳姓東老六股與合户人同議公施官房院并道地。

石匠盧上海，木匠靳士荣。

乾隆四十二年三月下浣之吉，陳家庄合庄人等公修。

清（二）

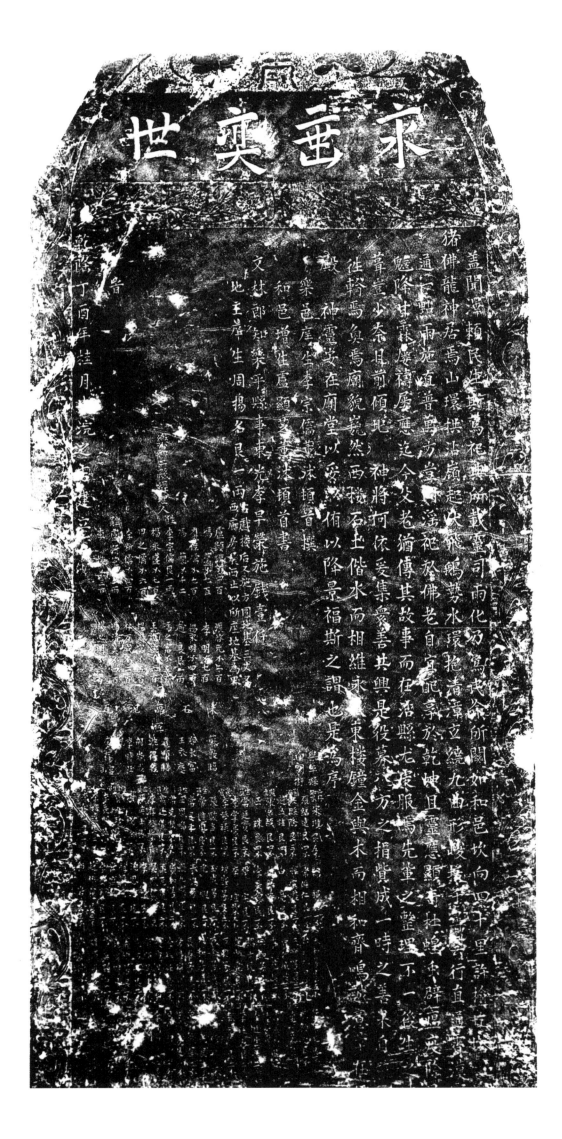

465. 龍神廟重修碑記

立石年代：清乾隆四十二年（1777 年）

原石尺寸：高 120 厘米，寬 50 厘米

石存地點：晉中市和順縣李陽鎮榆圪塔村

〔碑額〕：永垂奕世

盖聞澤賴民生，斯爲祀典所載；靈司雨化，乃爲民命所關。如和邑坎向四十里許榆圪塔，猪佛龍神居焉。山環拱沾嶺，起伏飛鵝勢，水環抱清漳，玄繞九曲形。峻拔千尋，雲行直通霄漢；□通一點，雨施直普萬方。豈□淫祀於佛老，自宜配享於乾坤，且靈應顯奇，杜蝗蟲，辟瘟疫，除□魅，降甘霖，屢禱屢應。迄今父老猶傳其故事，而在治縣，尤虔服焉。先輩之整理不一，後生之□葺豈少。奈目前傾圮，神將何依？爰集衆善，共興是役。募八方之捐資，成一時之善果。自茲□往，輪焉奐焉，廟貌巍然。西樓石土，偕水而相維永□；東樓鐘金，與木而相和齊鳴。誠意□在□殿，神靈安在廟堂。以妥以侑，以降景福，斯之謂也。是爲序。

樂邑庠生李宗儒薰沐頓首撰，和邑增生盧顯芝薰沐頓首書。

文林郎知樂平縣事東光李早榮施錢壹仟，地主庠生周揚名銀一兩。

（經理及布施人姓名略而不錄）

時乾隆丁酉年桂月□浣之吉建立。

皇□□萬歲

〔月〕 〔日〕

重修碑記

竊謂祀無常九有洛於民者皆當祖國不必載左祀典者也本

七郎廟一所其欽奉不知何時而徂旱澇水之必應不特本邑人奏而祝之

州莫不家祠而戶祝焉有歇馬殿一座當大道之衝正往来屬目之地萷頭坦

神將怨而恫之千往特普威發心偹造葢化十方於三十九年鳩工動衆不日告成葢荊

神勤焉是不可不刻之於峴以彰神靈云

交城縣正堂加三級紀録一次路旅銀十兩 儒學葛施銀八兩

交城營正司隨帶加二級張施銀八兩 督捕廳加一級俞施銀加兩

靜邑南鄉生員張繼周撰

本邑太泥兩竹木王伏庫施良一兩瑰楊珲先施良八才

峄邑玉工人張怀義 本邑陰陽生王長財

乾隆四十二年十月初二日立在住持僧照工募緣修造徒孫普威法孫通嶺

嵗住持僧照銀徒普廣法㳿通嶺

修造僧普成書

法徒學福普正

徒通智法孫心水

徒通德法孫

466. 重修西仙洞七郎廟

立石年代：清乾隆四十二年（1777年）
原石尺寸：高120厘米，寬56厘米
石存地點：太原市古交市西仙洞

〔碑額〕：皇帝萬歲　　　日　月
重修碑記

窃謂祀無常，凡有濟於民者皆當祀，固不必載在祀典者也。本□西仙洞有七郎庙一所，其欽奉不知何時，而值旱澇，求之必應。不特本邑人奉而祀之，□□邑、嵐州莫不家祠而戶祀焉。有歇馬殿一處，當大道之衢，正往來屬目之地，而頹圮已甚，神將怨而恫之乎？住持普成發心修造，募化十方。於三十九年鳩工動衆，不日告成，若有神助焉。是不可不刻之於岷，以彰神靈云。

静邑南鄉生員張繼周撰。

交城縣正堂加三級紀録一次路施銀十兩，儒學葛施銀八兩，交城營正司隨帶加二級張施銀八兩，督捕廳加一級俞施銀八兩。

崞邑玉工人張懷義，本邑陰陽生王長財。

住持僧照玉募緣修造，們徒普成，法孫通意，重法□心□，法侄普福、普正，們徒通智、通德，法孫心林。

募化住持僧照銀，們徒普盛，法孫通富。

修造僧普成書。

本邑木泥兩行，木王文庫施銀一兩，泥楊圯先施銀八錢。

乾隆四十二年十月初二日立。

秦老爺

判斷南池永久碑記

本邨東南陽曲陵之阿有南池一斷界在山後秦嶺之間原屬兩邨公鑿公拾公

順治康熙並無異說不料秦嶺父畜陰謀意欲賴公為已池於乾隆四十二季籍

之池也相沿日久不記季限歷本朝

哭起爭端辛愛仁明煎老爺金斷其謀謀未遂復又於雍正十一季

口過缺汲水之說狹為思遑被仁明秦老爺察出詭險仍判南池屬公兩邨

同其遂徒按戶口多寡僱工掏池秦久公用再不得藉口遇缺汲水滋生事端

密恩不下以私至公也不多所欺至明也不深究姧謀之人至慰也故勒諸石

以相傳不朽云

郭振祿
李□

詞中郭振□
李介□
郭君□

王工正京玉

南山後谷頫敬立

1028

467. 判斷南池永久碑記

立石年代：清乾隆四十二年（1777 年）
原石尺寸：高 172 厘米，寬 85 厘米
石存地點：長治市壺關縣店上鎮山後村

〔碑額〕：秦老爺判斷南池永久碑記

本村東南隅曲陵之阿，有南池一所，界在山後、秦嶺之間，原屬兩村公鑿公掏之池也。相沿日久，不記年限。歷本朝順治、康熙，并無异說。不料秦嶺久畜陰謀，意欲賴公池爲己池，於雍正十一年，突起爭端。幸蒙仁明燕老爺金斷，其謀未遂。復又於乾隆四十二年，藉口遇缺汲水之說，狡焉思逞，被仁明秦老爺察出詭蔽，仍判南池屬公。兩村同具遵依，按户口多寡，傭工掏池，永久公用，再不得藉口遇缺汲水，滋生事端。竊思：不干以私，至公也；不爲所欺，至明也；不深究奸謀之人，至恕也。故勒諸石，以相傳不朽云。

詞中：郭景祿、李斌臣、李斌、郭景献、李介臣、郭君弼。

玉工：王京玉。

南山後合村敬立。

大清乾隆四十貳年十一月十八日息詞。

清（二）

468. 喜雨亭記

立石年代：清乾隆四十二年（1777年）

原石尺寸：高50厘米，寬70厘米

石存地點：晉城市陵川縣崇文鎮嶺常村龍王廟

喜雨亭記

邑西南五里許有龍王廟焉，廟臨謬籠，有潭一泓，澄澈濞沸，冬夏不涸，即俗引以爲流觴曲水者也。舊有亭址于沙磧，圮者屢矣。癸巳春，相地于谷之左麓高阜處，未竣，夏旦歆旱，父老憂之。余率呂虔禱挹水于潭，負而供於壇。再虔禱。越日，遂沾足，民皆喜。酬賽日，而亭適成。喜神之仁愛，而粒我蒸民也。顏曰"喜雨"。且謂父老曰：吾之喜其盡同於蘇公之喜焉？否耶。神之予吾民以喜而名吾亭，其同於蘇公之名其亭？否耶。夫金穰木饑，水毀火旱，五行之迭運也。白墳赤壤，沃磽潟滷，八方之不齊也。陵之垂口而瘠寒而耐旱，夏宜雨秋不宜雨。一遇秋霖少淫，至禾皆黯黝而不實。故鳳陽遇旱，祈雨而恐其少，陵則遇旱，祈雨而又恐其多。然則蘇公所謂五日不雨則無麦，十日不雨則無禾者，吾陵之可憂與之同。一雨三日，蘇公則一喜而更無憂。一雨沾足尤望其適可而止，陵於喜之外尚不能無所憂也。蘇公因造物之無名而取以名亭，吾則以神之有靈，而以喜民之喜者名吾亭。即以名吾亭而顧神之常予民以喜，神常予民以可喜。或未旱而即雨，或旱而隨雨。總呂不潦不淫以酌乎陵，而適可即止，則以亭之翼然澗上，其即神之功德之表口者歟。

乾隆丁酉仲冬天都……題。

469. 古寨北巷鑿井碑記

立石年代：清乾隆四十二年（1777 年）
原石尺寸：高 130 厘米，寬 61 厘米
石存地點：運城市絳縣大交鎮大交村

〔碑額〕：流長

古寨北巷鑿井碑記

天下事不歷目前之苦，無以知後患之宜，防不爲先後之謀，無以□後此之□。□寨之東南隅，清流環帶，饗殍比取之不竭，瀚濯比用之不穷，其來已久，亦冗習以爲固然。乃忽而至于乾隆四十二年歲次丁酉，自五月以至七月，旱魃爲虐，雨澤□希，泉源雖云不匱，而灌溉無時休息。于是向之清漣可愛，比今則消歸無有矣；向之取携至便，比今則求之他方矣。巷之父老咸有憂色，因思爲鑿井之計，以免後此之艱辛。謀之于衆，僉曰□善。遂邀地師，擇吉于諱仁作董公地。所幸董公慨允，即募化三千餘金，集衆督工，不閱月而穿鑿獲□原之樂。此切得磐石之□，自今以往，幸而□賜時□明，或取水于清流，或取水于□，固可任其意之所便，而其□枋□□□，而偶有旱災，而丹渫在望，亦不□疲于奔走，使夫妻有反目之□，室人有交謫之嘆也矣。古人所云亡羊補牢，而未爲遲，此誠得其遺□矣。事竣，而巷念□事此施地輸財，此皆宜勒□石，以垂不朽。余故叙其事之緣起，與其所終，以□□□云。

敦素齋任廷宰殿元甫撰文，邑庠生楊玠介玉甫校閱，蓮池馬宗成、□□甫書丹。

董仁作全男瑢，孫善繼、善述施地基一塊，以後修房之日，任其所便，巷衆不得多言。

承首人：王緒、景維義、董仁作、馬漢傑、景日樞、楊忠翊、郭□、景日□、董□□、王福躬、董□安、胡銘、王桂元。

乾隆四十二年歲次丁酉十二月吉日。

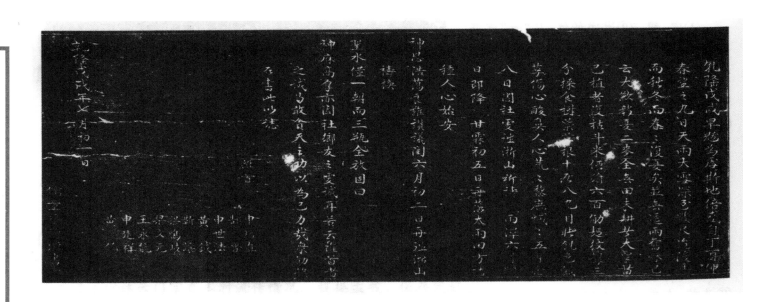

470. 甘潤村祈雨碑記

立石年代：清乾隆四十三年（1778 年）
原石尺寸：高 31 厘米，寬 66 厘米
石存地點：晋城市澤州縣巴公鎮甘潤村甘露寺

　　乾隆戊戌，旱魃爲虐，斯地倍盛。自丁酉仲春望之九日，天雨大雪，深至數尺，迨後夏而秋、冬而春、春復夏矣，并無透雨。舊秋已云大歉，新夏二麥全無。田未耕者大半，苗已植者復枯。斗米價逾六百，斤麵紋銀三分。采食樹葉、草根十居八九，目睹飢色餓殍，傷心酸鼻矣。人心荒荒，黎庶戚戚。五月念八日，闔社虔往浙山祈禱雨澤，六月朔日即降甘霖。初五日再落大雨。田方播種，人心始安，神恩浩蕩，良難贊議。閏六月初二日，再往浙山，禱換聖水，僅一朝而三瓶全放。固曰神庥高厚，亦闔社鄉友之虔誠耳。若云維首者之誠，曷敢貪天之功以爲己力哉？衆勸銘石，書此以誌。

　　維首：申□直、郜晋、申世法、黄鉞、靳讓、梁鳴岐、梁文元、王永能、申廷祥、黄□。

　　乾隆戊戌年七月初一日，儒童□□源書。

471. 重修井崖記

立石年代：清乾隆四十三年（1778 年）
原石尺寸：高 46 厘米，寬 73 厘米
石存地點：運城市聞喜縣呱底鎮上寬峪村

重修井崖記

此井初穿百餘尺，忽遇水珠淋漓，衆訝爲奇。然究出水無多，不濟大用。逮既及泉，而半井浸罅，未及填塞。至今十餘年，浸泛日久，井崖損壞，庄人甚病之，僉議磚石填砌，以圖永賴。凡近此井吃水之家，照戶口收錢，共成厥美。功既告竣，并舉事之始末，刊記於石，永垂不朽。

邑庠生員朱興祺沐手謹撰，邑庠生員朱開文沐手謹書。

生員朱健聲銀一錢七分，生員朱傳一銀一錢，朱瑟銀一錢，朱永起銀三分，朱秉彝銀一錢七分，朱丕俊銀二錢四分，朱秉謙銀一錢，廩生朱復雲銀一錢，朱秉霞銀二錢四分，朱秉真銀一錢，朱純理銀五錢九分，朱秉顯銀三錢一分，朱秉瑜銀一錢七分，朱秉哲銀七分，朱秉敏銀二錢八分，朱輝元銀二錢八分，朱有明銀三錢一分，朱際堯銀七分，朱興邦銀一錢，監生朱孝思銀四錢五分，朱進益銀三錢五分，朱際舜銀七分，朱得□銀四錢二分，生員朱興□銀一錢四分，朱加美銀三錢八分，奉祀朱敦義銀二錢八分，朱有粟銀一錢八分，朱加益銀二錢一分，朱正己銀二錢一分，奉祀朱克敏銀二錢八分，朱有功銀二錢一分，朱學思銀二錢一分，生員朱士英銀四分，朱克明銀三錢八分，朱默思銀二錢一分，朱有德銀一錢，朱紹曾銀七分，朱紹先銀一錢四分，朱省己銀二錢四分，朱靜思銀三錢五分，朱命著銀一錢四分，文學朱命秩銀二錢一分，朱命督銀一錢七分，朱命慎銀二錢一分，朱紹孔銀三錢八分，麻永禮銀五分，朱英奇銀二錢四分，朱溫和銀二錢八分，朱文學銀一錢七分，朱學觀銀七分，張紹聖銀一錢，朱兆亨銀二錢一分，朱開忠銀一錢四分，朱寅初銀一錢四分，朱英傑銀一錢，朱英秀銀七分，朱潛修銀一錢四分，朱種礼銀二錢四分，朱金娃銀一錢，朱亦趨銀一錢四分，朱捷登銀一錢四分，朱維雨銀七分，朱維峒銀七分，朱英豪銀一錢，張徐林銀一錢，朱景先銀一錢四分，朱穩成銀七分，朱從先銀一錢四分。解州上可名施銀一錢。

承首人：朱得寅、朱秉坤、朱進益、朱純理、朱學思、朱加美、朱敦義、朱省己。

鐵筆張紹聖。

乾隆四十三年小春吉旦。

472. 水利争訟審理斷案碑記

立石年代：清乾隆四十三年（1778 年）
原石尺寸：高 212 厘米，寬 88 厘米
石存地點：運城市新絳縣北張鎮北董村

〔碑額〕：斷案勒貞珉，千秋灌溉確有據；源流永爲憑，水圖繪碣石百代。馬首峪中，猛水泛漲，澆灌地畝，渠道分明。兹據碑記，以示不忘，勖我後人，勿墜前功。書記。

平陽府同知陳、絳州知州盛，審看得稷山縣三界庄民張攻端、閆偉具控絳州北董庄民寧自京等，捏命奪水一案。緣絳、稷分界之馬首山馬壁峪有猛水澗一道，分東西中三路。東路自三界庄而下，又分東西二渠，灌絳州北董等庄地畝。東路水口有古堰一道，古堰至北約離二十餘步，有水冲小斜渠一道，水勢向西。北董庄水頭寧亳命、寧謙之、寧程九因小斜渠水往西流，致伊東渠水少，欲行堵壘，使水平漫順入東渠。乾隆四十三年六月二十一日，寧亳命等撥夫王文浪等十人，前往用石堵壘小渠。三界庄水頭張迎滿、張臨門前往理論，寧亳命等即將所壘石塊拆去。王文浪先回，路過三界庄北堡門外，隨與三界庄趙添順爭毆。趙添順將王文浪毆傷，滾跌中風身死。已經盛審，提招解據。三界庄民張攻端、閆偉，因稷邑誌，馬壁峪如有餘水，方澆絳州北董等庄字樣，以北董庄不應用馬壁峪水，赴臬憲衙門具控。又恐不能准理，復稱捏命謀賴等情，將無干之寧自京等混行牽控。蒙署臬憲移咨前護道憲檄飭盛查訊，當經提傳案內人等。正在勘訊間，又蒙臬憲以前詳所叙古堰，未經分晰聲明，駁飭勘驗渠形，稽考古迹，并將張攻端等控案審訊明確詳覆。蒙憲飭委陳會同盛勘訊，遵即提傳案內人等，親詣絳、稷分界之馬首山馬壁峪詳加履勘，訊審前情如一。查馬首山在鄉寧縣，袤延絳州境數十里，亦名馬首山。其山水出口處在稷邑名馬壁峪，此峪東路止有澗水一條，并無另有馬首山峪水。萬曆年間，平陽府誌所載絳州條下載，馬首山峪中雨水，稷山條下載馬壁峪猛水澗，蓋遷地異名，并非二水。觀所稱俱自三界庄而下，即可概見後修絳誌未經詳考。絳州誌內沿襲舊文，因載馬首山峪中雨水一條，又以北董等庄現係引灌馬壁峪水，故復載馬壁峪澗猛水一條，不知馬首峪與馬壁峪名雖各異，而實則同此一水也。此峪原係三界、北董等庄公水，以先經由三界庄，故萬曆年間，平陽府舊誌首稱"溉三界庄等村，餘溉絳州官庄等村"。此"餘"字乃推類以及其餘之意，非餘剩之謂也。而絳誌內於餘字下添一水字，稷志內竟改爲"如有餘水，方澆絳州北董等庄"字樣，以致三界庄民因此藉口混稱北董庄不應使水。如以餘剩之水而論，則必先灌足三界庄，然後次第再灌絳州北董等庄，豈知馬壁峪乃係猛水雨後水發，頃刻百里，溝澮皆盈，勢不能待三界庄灌畢，餘水始及北董等庄。是稷誌未可執以爲憑。即據閆偉等所呈抄錄碑記，北董庄不過在三界庄之下，并無北董庄不應使水之說，是馬壁峪水應聽北董庄照舊引灌，三界庄不得混行獨伯。至小斜渠係被水冲成，并非挑挖之渠，現經淤平，北董庄民毋得再壘，其古堰甚屬低小，本不能攔水，況地勢南高北低，水已趨北，堰之有無，毫無關係。寧亳命等稱係北董庄之堰，并無憑據。北董庄民嗣後亦不得修壘，致滋釁端。張攻端、閆偉妄控寧自京等捏命謀賴之處，既自認虛誣，現據衆供確鑿，案無疑文，本應坐誣治罪，姑念到案即自待供明，且係因水利公事起見，請從寬免。張攻端現在患病，亦據閆偉代爲具結，再不滋事混告，俱無庸議。案內人等分別保釋候示，遵行理合，取具各結，繪具渠圖，抄錄誌書、碑記。具文詳請憲臺核轉。

三村公立
此水只許道阡寰上灣
祺三圆俟用如有輪盃
寰裡或俗端流灌仁義
園地有除現罰銀錢外
並澄裡園中永不得水
□用忌後無憑故立石
為記

武□言
荀□智
曹□義
湖之寧

473. 三村公立碑

立石年代：清乾隆四十四年（1779 年）
原石尺寸：高 35 厘米，寬 55 厘米
石存地點：晉中市靈石縣南關鎮道阡村聖母廟

三村公立：

此水只許道阡、窰上、灣裡三园使用。如有輪至灣裡，或借端澆灌仁義园地者，除現罰銀錢外，并灣裡园中永不得分水使用。恐後無憑，故立石爲記。

渠甲：郭敬言、荀如智、曹伏義、郝之朝。

□□四十四年二月□立。

清（二）

474. 挖池碑記

立石年代：清乾隆四十四年（1779年）

原石尺寸：高88厘米，寬45厘米

石存地點：長治市黎城縣洪井鎮洪井村

□池碑記

黎邑之西北二十里許洪井村，石厚土薄，難以掘井，惟鑿池注水由來舊矣。□□久□塞，土□漸積，不爲之勤掏而重挖之。是無池也，因以無水，無水也，而又□以給□□家之用。所以本村老幼按户計口，出米傭工，合衆心以成一心。斯流水聚□池水，□池掏一尺，水容亦一尺。故本村□池，本村吃水，而外村不掏池，外村□□以吃水也。□□□故四鄰諸村意欲吃水，應于興工之日須皆效力而并捐粟，無如人□不□，難以□論。姑即其素所已行者而言之，吳家□地實連接，□工出米，合本村□計算。石橋□路途□遠，做工不便，公議止于出米。至于橫□庄亦□相近，而有訟在□，捕□□批合同遠□□，三村雖□不同而總屬洪井村費用，□洪河村挖池之工米不出，硬欲吃水□□，故兩村交争，遂成詞□。□□□老爺仁明斷處：□工貼米吃水；不幫工□米不吃水。□□公案定而人心□，□被□□。自言永不在此池吃水。天水□爲□命……勞□亦非□易，今既不出工米，亦不吃水，其□合□。況法□□□，□是可□吃□□不出工米者乎！自此以後，凡我鄉鄰尚其鑒諸，□□空言無據，故□碑刻石，以誌不朽。

邑庠生范生寅撰□□。

（以下碑文漫漶不清，略而不録）

時大清乾隆四十四年三月日立。

本清源

特授河津縣正堂加四級紀錄七...

詩有云篤公劉近彼百泉瞻彼溥...者蓋誠唐民情不古而或漸事侵焉也...

上言天澗口堅築石堤...
澗西祖東離於攔截經...

諭照天澗口覓在遺址一律加高一尺...
憲批諭著照天澗口現在遺址一律加高一尺即北午芹村水所從此別入吏家渠內使用...

憲勒驗飭諭渠底寬二尺九寸鴉石以南渠底照澗底一律鑿其森等引道渠審明取結地飭...

仁憲乃懲做之其案方結焉吳克明其結永不在北午芹吏家渠使役食計作各各使役水路由...

發其事矣詩曰愷悌君子民之父母非至明析其能用庹又民如此其深且遠誠愛歌以古...

禀開水利易起衆擾於今勘定等度周卅事程既式谷理乃彊猶與...

仁德源遠流長

大清乾隆四十四年歲正月穀旦

北辛興合村士民仝立

475. 争水審明感恩碑記

立石年代：清乾隆四十四年（1779 年）
原石尺寸：高 152 厘米，寬 65 厘米
石存地點：運城市河津市博物館

〔碑額〕：□本清源

《詩》有云：篤公劉逝彼百泉，瞻彼溥……然矣。迨後古公遷於岐山，有曰乃左乃右，乃疆乃理。其分疆畫井，而必□者盖誠，慮民情不古，而或漸事侵占也。□□□之爲民計者，實深且遠。邑北山脚下有峪水數處，澆灌民田，其中名瓜峪者，前有大□，中南下大澗東有北午芹村，西有史家庄村，各有水，水各有渠，由來久矣。其澗東邊岸上有史家渠一條，實灌北午芹地畝，此即縣□鞍塢渠是也。緣乾隆十八年間，方平等村人貪使濁水，控經上憲，將天澗口竪築石堤，着北午芹水即從石堤上自北直南引入史家渠內使用。其後下村屢遭水害。方平村人又於二十八年，禀請黃憲，將天澗石堤決開數處，以泄水害。着北午芹水又從西長澗中，自西徂東引入史家渠內使用。迨三十八年，下村又貪使濁水，致□□自西徂東嫌於攔截。經道憲批諭，着照天澗口現在遺址，一律加高一尺，則北午芹水便可從此引入史家渠內使用。仁憲蒞任，即飭下村人等恪遵道諭，照天澗口現在遺址一律加高一尺，□便北午芹史家渠引水使用。後史家庄甯其森等在此渠內滋事。蒙仁憲勘驗，飭諭渠底寬二尺九寸，鴉石以南渠底照澗底一律。甯其森等不遵，曾經審明取結，批飭在案。今□□在此渠內滋事，仁憲乃懲儆之，其案方結焉。張克朝具結，永不在□西地使水。甯君水等具結，永不在北午芹史家渠使水。計自今各使各水，各由各□被其澤矣。《詩》曰：愷悌君子，民之父母。非至明斷，其能用康乂民如此其深且遠哉？爰歌以誌之曰：

渠關水利，易起爭攘。於今勘定，籌度周詳。章程既式，各理乃疆。猗與仁德，源遠流長。

特授河津縣正堂加四級紀錄七……

北午芹合村士民同立。

大清乾隆四十四年十二月穀旦。

清（二）

黄河流域水利碑刻集成·山西卷 四

476. 重修龍王廟暨創建黑虎殿聖母祠記

立石年代：清乾隆四十五年（1780年）
原石尺寸：高173厘米，寬60厘米
石存地點：運城市夏縣祁家河鄉東莊村龍王廟舊址

〔碑額〕：以垂永久

重修龍王廟暨創建黑□殿聖母祠記

龍王廟，三社人建也。三社者何？一東庄、一西山頭、一西庄與姚家庄也。何建乎龍王廟？龍王者，職司雨潤甘霖所由降，萬物賴以生者也。故每年三月十一有會，四方諸君子享□者，以有易無者，蟻聚不絕焉。施地者誰？楊、李二姓也。創之者何代？明成化九年也。後□無繼之者乎？曰有。有則今日之事不猶然前此哉，雖□事則繼而功實倍於創也。其□於創者□何？高低深掘數尺，方圓開擴幾丈。正殿猶是後退矣，舞樓依然前徙矣。廊房禪室□增，東西兩門更新。而且左創黑虎山神土地一□，以祈鎮□一方，右建后土聖母龍母一楹，□願養育萬姓。其費幾何？柏價銀一百一十三兩，本社施銀百兩有餘，社外施□□□十餘□，然□銀兩僅充各行匠工資費。至於木石椽棧□社輸納者居多，仰且不必用；匠者率各社撥夫攻之，不在布施之□。總□者□每社二人，□化者□每社一人，□此督工之人類各食其食，如曰絲毫有侵於官求也。猗歟休哉！嗣後□□有□□應，□求不□，□□三社□□景福□□方共沾其濟□矣。登斯廟者於環峰星拱之地，古柏蒼□之中，見殿宇峻□□不穆然□□然……之大觀者□。□舉也，□於乾隆四十一年，□成於乾隆四十□年春。□備述巔末誌之。

平邑□泉村□學生楊作□沐手撰并書。

西山頭合村共施銀七十二兩三錢□分，東庄合村共施銀二十一兩五錢，西庄合村共施銀三十兩三錢五分，姚家庄合村共施銀九兩八錢。社外共施銀四十四兩五錢，三社共上官錢三十六千文。廟中磚瓦俱在郝國礼地中所燒并無窯采；廟中添補椽棧俱在郝、王二姓山中所伐，無收坡銀。

督工總理六人：□□連、秦□□、楊允輔、李宗□、楊緒乾、秦登喜。

中外□化三人：李廷玫、楊允先、郝國俊。

□陽孫建瑩施□三分，閻大知地內砍椽几條。

稷山縣楊笃志刊。

住持法雲寺僧人同學。

大清乾隆肆拾伍年歲次庚子暮春之吉三社同立。

477. 東井泉水斷分碑記

立石年代：清乾隆四十六年（1781 年）

原石尺寸：高 78 厘米，寬 41 厘米

石存地點：長治市黎城縣

〔碑額〕：永垂

奉縣正堂：姚金□東井泉水，每月逢一四七日谷□村汲□，三六九日郭家庄汲取，二八五十日駱駝村□□。□許攙越爭競，立石永遠遵行。外三村各奉到□語壹紙□□，永遠收執。

每村立碑一石，仍拓碑摹，一□□驗。

（以下碑文漫漶不清，略而不録）

乾隆四十六年五月十八日明郭家、駱駝、谷□三村公同立。

遵循古制

九江聖母會例碑記

天下事莫善於遵古莫不善於好巧遵古則恃智矜能必私己損人此理勢之必然也如州治西十里註有新廟一座創自王

舜惠聖母殿三閫每年三月初十七日迎神致祭迨明洪武時旱魃為虐南自王孫方殿於正殿之左繼立九江聖母殿於正殿之左始將官項

茲丑社居民咸祈禱於廟中霖立沛始建九江聖母殿於正殿之左始將官項

自古至今各有守舊規問敢隨越苏不惧公從此掩耳盗鈴年七月

流迎神積有官項規阿敢隨越久生愛神駕到社鄉陷告急者桌首狗情以濟

蝌臨時睌顒可濟急亦不惧公從此掩耳盗鈴已久至乾隆四十五年七月社神駕煞廟香火少進劉村自知己過庭出

全致中古文以非原物不死許將初一會案廟之督渠長顯如樊君等念古規之不可廢

中古文村疑晨理責恃強楠殿遂致首事兩人受創不得己具報郡來將山東

排解刀一會晨理責恃強楠殿遂致首事兩人受創不得己具報郡諸君徇天理出

明鮾嗟嘆大精明禹於渾厚之中則可老誠而倚於功利之術則不可也余奔走山東

人立誠之意勿偒尚社舊好之情而祖先與鄉黨師友今解組歸里諸君來

葉蓮者鳴官不得分辨仍將憲斷閱錄而後云私而訐短勿徇情而累己作事循天

軍恩登俟即原任雲南景東道隸分防猛統事軍功議叙一等隨帶加一級邊
郡

旹大清乾隆肆拾隆年後月吉日立

478. 九江聖母會例碑記

立石年代：清乾隆四十六年（1781年）
原石尺寸：高142厘米，寬84厘米
石存地點：運城市新絳縣古交鎮新廟村

〔碑額〕：遵循古制

九江聖母會例碑記

天下事莫善於遵古，莫不善於違衆；天下人莫貴於忠誠，莫不貴於奸巧。遵古則順……巧則恃智矜能，必利己損人，此理勢之必然也。如州治西十里許有新廟一座，創自……孚惠聖母，正殿三間，每年三月初十，七莊迎神致祭。迨明洪武時，旱魃爲虐，南自王……并五社居民咸祈禱於廟，甘霖立沛。始建九江聖母殿於正殿之左，繼立衛方……流迎神，積有官項，先於本月初一日，會案神前什物，即日交接，十一日始將官項交……自古至今，各守舊規，罔敢隕越。距久生變，神駕到社，鄉鄰告急者，案首徇情以濟，一……□，臨時贖還，既可濟急，亦不誤公，從此掩耳盜鈴，沿弊已久。至乾隆四十五年七月……全致，中古交只收官銀，不肯迎神，□社神駕懸廟，香火少進。劉村自知己過，邀社人……中古交以非原物不允，併將初一會案廢之。督渠長顯如樊君等念古規之不可廢……排解，乃中古村疑□理責，恃强橫毆，遂致首事兩人受創，不得已具報郡尊庭……明驗歟。嗟夫！精明寓於渾厚之中則可老誠，而倚於功利之術則不可也。余奔走……存刻薄之念者，唯恐辱身賤行，玷及祖先與鄉黨師友。今解組歸里，諸君來將此事……人立設之意，勿傷同社舊好之情，勿携私而訐短，勿徇情而累己。作事循天理，出……禁違者，鳴官不得分辨，仍將憲斷開録於後云。

覃恩登仕郎原任雲南景東直隸廳分防猛統事軍功議叙一等隨帶加一級邊……郡庠。

時大清乾隆肆拾陸年葭月吉日立。

清（二）

1051

479. 擴水池開水路汲沁濟旱碑記

立石年代：清乾隆四十七年（1782 年）
原石尺寸：高 80 厘米，寬 141 厘米
石存地點：晋城市陽城縣北留鎮南莊村

　　……燥濕之殊，水亦有遠近……食，各處飢民漸有逃散之……無水，糾領村人開河路三條……等遂有設法救荒之意，而力有不逮。……多寡不一，又舉張世起、楊爾尚、張……接南北之水。收買亂石整石，墁坡築堰，做工一日……得其賣石之錢，人歡趨之以渡，荒歲乃保無虞。至六月初間，天落透雨，池工□停。及至閏六月間，雨仍缺，人仍大荒，池工復……禾頗收，民乃安宇。自四十四、五、六三年，照地畝收……凡村中之家，無不慷慨輸將，分文不少。□當此大荒之歲，而……張楊諸公設法興功以開生路修池一事。既解一時之危……人得其養，水亦永無不足之患矣。不有以誌之，使諸公振作有……後之人將何所觀感勸勉而爲善？於是本其事之顛末……朽云。

　　邑庠生李培仁謹撰。

　　闔社公議，功難成而易敗，所築池堰難保永遠無毀，日後但有塌壞之處，現年社首撥工修補一帶石堰，方保無虞，前功亦不至盡弃矣。

　　楊爾尚施地基一分，施攔馬石十八丈，張世起、張鵬財施地基一厘二毫。

　　（以下金錢開銷及布施芳名略而不録）

　　乾隆四十七年仲夏吉旦同立。

清（二）

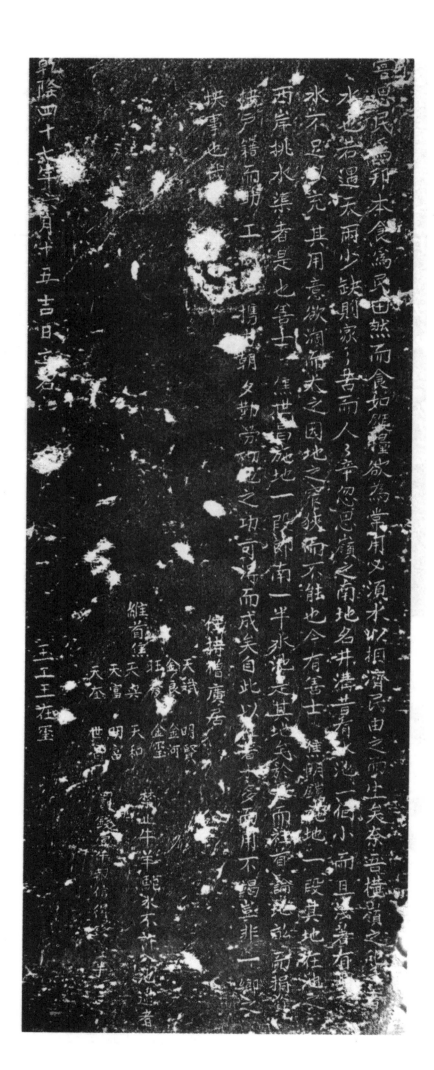

480. 擴建井水池碑記

立石年代：清乾隆四十七年（1782 年）

原石尺寸：高 180 厘米，寬 65 厘米

石存地點：晉城市澤州縣高都鎮橫嶺村

嘗思民爲邦本，食爲民田。然而食如餱糧，欲爲常用，必須水以相濟，民由之而生矣。奈吾橫嶺之所乏者，水也。若遇天雨少缺，則家家苦而人人辛。忽思嶺之南，地名井溝，昔有水池一個，小而且淺，著有□之水，不足以充其用，意欲闊而大之，因地之狹窄而不能也。今有善士焦明鎧施地一段，其地在池之西岸，挑水渠者是也。善士焦世昌施地一段，即南一半水池是其地矣。於是而社首論地畝而捐資，按户籍而助工，同心携手，朝夕勤劳，砌池之功可得而成矣。自此以往，著水多而用不竭，豈非一鄉之快事也哉！

住持僧：廣居。

維首：焦天斌、焦金良、焦旺秀、焦天興、焦天富、焦天奎、焦明賢、焦金河、焦金璽、焦天和、焦明富、焦世昌。

禁止：牛羊駝水不許入池。違者罰錢壹千，報信得錢壹半。

玉工：王在璽。

乾隆四十七年六月十五吉日立石。

清（二）

1055

黄河流域水利碑刻集成·山西卷　四

1056

481. 起水捐什物碑記

立石年代：清乾隆四十七年（1782 年）
原石尺寸：高 200 厘米，寬 63 厘米
石存地點：晋城市陽城縣北留鎮章訓村成湯廟

起水捐什物碑記

蓋聞莫爲之前，雖盛弗傳，莫爲之後，雖美弗彰，則事必待人而舉也明矣。乃有昔年盛典，越數十……抑亦舉其者之難乎？其人也。吾□舊規，當春夏之交，用旗傘前導，□數百人，拜水於崦山栖龍及河村虸蛤廟。五年一舉，率以爲常。……拜水於栖龍宫，而河村崦山之祀，□久爲曠典矣。乾隆四十年，自春徂夏，亢陽不雨，無麥無禾，人心惶懼。禱雨者靡神不舉，漠無所應……檀越，宿步禱於栖龍宫。不三日，□霖雨沾足，人心大悦。於是謀所以酬神者，而起水之議興矣。但此事曠廢多年，旗傘什物蕩然無存。……侄相與戮〔勠〕力，而闔社亦各□人樂施，共相勸勉，無幾何時，而盛事復舉矣。第其倉猝之間，大略雖有可觀，尚多缺而未備。次年，衛克□□□社首，又復倡衆捐施，而其子紹基爲之綜理，庶務不□□勞。然後器用什物，燦然明備。遂於四月初八日演水，初九日往河村拜水，初十日崦山拜水，十一日全水接至海會寺，十二日本村拜水，十三日往栖龍拜水，全水□□橫嶺上，十四日全水接至栖龍宫。於戲休哉！以六十年久曠之典，一旦舉而行□，所謂事必待人，而舉者此其驗歟！惟是所捐什物，僅留賬簿，未曾勒石，今且數年矣。□復更歷多年，無可稽考，不惟施主姓名湮没不彰，抑恐因循苟且，什物將有失落之弊。兹特將所捐姓名并所存什物勒之貞珉，以垂久遠。微特誌一時之盛，且以□□之踵其事者，有其舉之莫或替焉，而斯典不永存，而無慮廢墜矣乎。是爲記。

邑庠生衛之屏□并書。

（以下碑文漫漶不清，略而不録）

大清□隆四十七年□次壬□嘉平上浣吉旦立石。

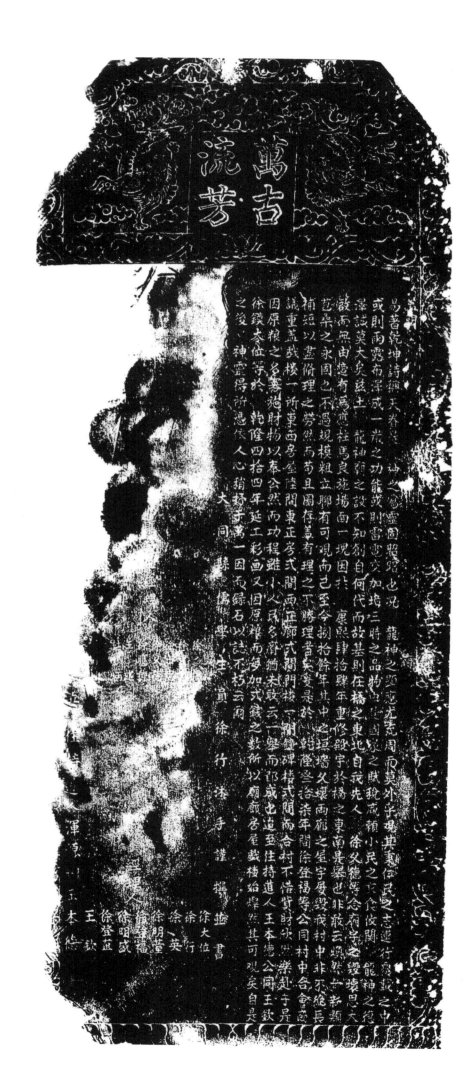

482. 西册田村龍王廟碑記

立石年代：清乾隆四十七年（1782 年）

原石尺寸：高 165 厘米，寬 62 厘米

石存地點：大同市雲州區許堡鄉西册田村

〔碑額〕：萬古流芳

　　盖聞《易》著乾坤，《詩》稱天眷，是神之爲靈固昭昭也，况龍神之顯應，尤充周而莫外乎。觀其秉仁民之志，運行覆載之中，或則雨露布澤，成一歲之功能，或則雷電交加，培三時之品物。由是國家之賦税咸賴，小民之衣食攸關。龍神之德澤，誠莫大矣！兹土龍神廟之設，不知創自何代，而故基則在橋之東北。自我先人徐久德等念廟宇之毁壞，思大啓而無由，適有馬應柱、馬良施場面一塊，因於康熙肆拾肆年重修殿宇於橋之東南。是舉也，非敢云焕然一新，類苞桑之永固也；不過規模粗立，聊有可觀而已。至今捌拾餘年，其中之垣墙久壞，兩廊之屋宇屢毁。我村中非不絶長補短，以盡修理之勞；然而苟且圖存，盖有理之不勝理者矣。爰是於乾隆叁拾柒年間，徐登福等公同村中合會商議，重盖戲樓一所，東西房屋陸間，東正房貳間，西正廊貳間，門楼一間，鐘碑楼貳間。而合村不惜資財，欣然樂赴。于是因原粮之多寡，施財物以奉公。然而功程雖小，人民多瘠，猶未敢云一舉而即成也。迨至住持道人王本德公同王欽、徐鍈大位等於乾隆四拾四年延工彩畫，又因原粮而每加貳錢之數，所以廟廊、房屋、戲楼始燦然其可觀矣。自是之後，神靈得所憑依，人心稍抒于萬一，因而録石，以誌不朽云爾！

　　大同縣儒學生員徐行沐手謹撰并書。

　　康□年經理人：徐□、徐□□、徐士忠、徐久德、徐應德、王述、杜炳。

　　經理人：徐大位、徐行、徐英、徐明瑩、徐登福、徐明盛、徐登直、王欽。

　　住持□人：渾源州王本德。

483. 重修藏山廟碑記

立石年代：清乾隆四十八年（1783 年）
原石尺寸：高 174 厘米，寬 95 厘米
石存地點：陽泉市盂縣莨池鎮藏山祠

〔碑額〕：重修紀事

重修藏山廟碑記

忠孝節義，皆足發人愛敬之心，故名山勝境，一經忠臣義士栖息往來，後有讀書懷古之士，睹遺迹而憑吊歔歟，未嘗不慕其人，而思其地。有所構造□□□，□欲使千□人之心，無不愛敬，□千□□□敬之心，復亘古今而無閑，則莫如仁之□人爲尤甚。藏山趙文子廟，有寢□、有堂……甚修。且尊文子之所，自出則有啓忠祠，□文子之所由立，則有雙烈祠、韓獻子祠。而奇岩峭□，又各有飛□峻閣，以增其勝。……矣。微有風雨之憂，鄉久協議修□。缺者完，敬者正，剝落者□且□，費繁而輸財者衆，工巨而董事者勤，非神之仁有以貫古今而周士廠。而二千年□，□人愛敬之心，能若是之有加無已哉！按《左氏傳》，載神事甚詳，如□絳師、盟七子、□諸侯之幣治烏餘之封，公明仁恕，令人想見三代遺風。而爲會□□，以弭南北之兵，其志在息民也，故楚先晉歃，而春秋書先晉，蓋深有以取其心矣。意當時以仁心行仁政，優恩渥澤已洋溢於山河□□間，而藏山爲神童時避難□，□□游魂復憑依。於是，爲雲爲雨，以惠我一方。人故每逢亢旱，黄童白叟爭走藏山，呼神佑而神果應之如□。使盂人從無□□□□，則其神益靈，其仁□□，□之沐其□日益深，而成季宣孟暨公孫程韓之忠孝節義，亦以神之仁，而日益重，宜乎愛之深，敬之至，而願廟貌之常新也。□□人心也，神惟仁，故傳稱其相。晉七年，天無大災，則神之仁，可以格天。今之人亦惟仁，可以格神。鄉人果能心神之心，父慈子孝，兄友弟恭，宗族里巷，相□□□，春秋□報，歡欣和睦，以有事於藏山而不徒潔粢盛肅，俎豆以爲敬，當愈爲神之所。喜庶雨暘時，若常享豐樂於無窮也！工始於壬寅之春，落成於癸卯□□。□□營於山，兩易□□而不懈者，則神泉村李公鵬霄，莨□村朱公映奎，興道村太學生張公鳳翼之力爲多。而效力輸財共襄厥事者，俱可書。

邑庠生莨池村韓建家謹撰文，邑庠生神泉村邢佩謹書丹，太學生興道村趙申佑謹篆額。

誥授宣武大夫湖北荆州左衛守備加十四級紀錄九次升江南泰興營都司興道村張成功施銀一兩。

特授修職□直隸代州崞縣儒學教諭加三級署直隸解州學正□子科經元莨池村李光宗施銀一兩。

神泉村糾首：總理李鵬霄一兩，王福二□，王家輔一□□，武丕珍□兩，武讓一兩，武文會□□，李昌榮一兩，胡忠元一兩，□瑞一兩，李□一兩，李仕俊一兩，□□□一兩，□□□五錢，□申禄五錢，□仲□□。

莨池村糾首：總理朱映奎五□，張均任□□，□賜壽衣劉潤五錢，□宗昌一兩，張鬱五□，尹倬一兩，王志德一□，庠生石曰璜一兩，韓致中一兩，□□一兩，韓紹先五錢，王瑄一兩，□□□□，李德明五錢，張秉義一兩，□□二兩，朱映文八錢，□建烈一□，侯新爵一錢，張廷俊一□□，張秉幹一□，韓伏用五錢，尹易正八錢，張忠二兩。

興道村糾首：總理張鳳翼一兩，□承業一□，史永□□□，張玉一兩，張成仁□□，王□□□□□，韓貴福一兩，李洸□□，□明□□，王□七□，□怡六□，□□□志鴻五□，耆老王

章五□，王全忠□□，趙申佑□□，王翠□□，張漢昇五□，劉仲□□，五良□三□，劉海三□，
□□一□。

募化各州縣經理人韓伏衛壹兩。

施髮莨池村石萬禄。鐵筆趙充，木匠李成竹，畫匠栗萬德，泥匠趙開盛，瓦匠鄭永旺，鐵匠楊遇春。

金妝大殿畫工聶景芳施銀二兩。

助力和尚通祥、門徒心密、法孫源璩一兩，住持僧通裕、門徒心㘰。

時大清乾隆四十八年七月望日立。

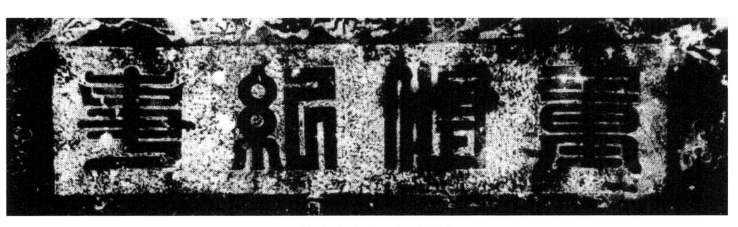

《重修藏山廟碑》拓片局部

484. 重修水渠碑記

立石年代：清乾隆四十八年（1783 年）
原石尺寸：高 157 厘米，寬 65 厘米
石存地點：晉中市榆次區什貼鎮羅家莊村關帝廟

〔碑額〕：萬事永賴

重修水渠碑記

蓋聞水能養人，亦能害人，在治之得其道而已。我邑西隅，自昔建爲水渠，所以通一邑之水，爲衆流之所歸也。奈世遠年湮，或爲風雨所漂搖，或爲人民所圮毀，有損無補，而渠因以壞。後每值大雨，凛凛乎幾至傾覆。我田畝搖荡，我室家邑人深以爲憂。於是會諸里長，共議各捐銀兩，以重修渠制。昔在溝頗西，今移去正西有十餘丈焉。規爲雖异，而興利去害，實無不同。邑人勇於效力，不數日而功以成，乃爲之慶曰："我有田疇既植矣，我有室廬既聚矣。用力少而獲益多，詎不幸甚？"故作斯文，以誌不朽焉。

水渠既成，道路平坦。凡在西隅，取土者亦得其便。乃與西隅種地者，議起土之序，以次而推，地主每年得米貳斗半。闔社公攤。亦附誌之。

本社庠生□積躬撰并丹書。

（以下碑文漫漶不清，略而不録）

鐵筆匠崔進元。

大清乾隆四十□□七月吉日立。

485. 重修龍王廟碑記

立石年代：清乾隆四十八年（1783 年）

原石尺寸：高 155 厘米，寬 64 厘米

石存地點：吕梁市柳林縣成家莊鎮艾掌村

〔碑額〕：重修碑記

重修龍王廟碑記

粵自三才立而神道彰，其默運於兩間、照臨乎下土者皆神也，而神之赫聲□□，立我烝民者獨龍天、龍母、白龍大王之神爲最。蓋其騰霞光，潤乾坤，雲行雨施，分猷效績，上答穹蒼，下育衆庶，凡戴高而履厚者，莫不飲其德而食其和也。由是處處建其祠宇，歲歲豐其享賽。春祈秋報感而□通者，固不維其神之尊，而維其神之靈也。

今永寧州城東北六十里艾長村耆民劉應寬、劉□、李生琯、李如玄囑余曰："吾居□處鄉曲，民□不見外事，安於畎畝。衣食年豐歲餘，物阜民康，賴庇蔭於龍神之□恩者殊属不少。是以廟宇□制，□□龍王、風塵之神於兩列，東側洞主之神。此諸神者，皆爲一方千百年之□主也。□建於雍正□□之歲，□□歷年多所，風雨漂摇，塑畫減色，檐牙傾圮，東西廊房前皆塹壘剥落，南□樂□□□木料崩□。社人寬、堯、□、□□每於朔望享祀之時，慨然動更新之念，與衆議欲重修，闔社樂□。於是稱力□資，□興工於乾隆己亥之孟□，□辛丑季秋而告厥成焉。"

第見前之減色者，今則焕然輝煌也；傾圮者，今□□□在□也；剥落□頹者，易之以□□而墙壁鞏固，更之以棟梁，而□□□實也。嗚□！今雖□葺而新之之舉，功不殊從前締造之艱；後之人修補□□，一傳再傳，永蒙神佑，獲福無疆，是所深望。欲□□珉以誌不忘，囑余□文而記者有如是其悉詳。獨是神□□蕩，功力無□。至於神之所以降祥於人，人之□以感□於神者□，余才疏識淺，無可能名。第因衆社請謁，不揣□陋，敢竭鄙誠，勉爲俚語，原其始終。見□舉之足以承先啓後，永垂奕□而不朽者。俾後之君子知有所而□□。

關中庠生白履亨薰沐謹□，本郡學生王紹曾薰沐謹書。

經理：劉應寬、妻□氏、劉氏，男登堂、妻賈氏，登昇、妻劉氏，登知、妻馬氏，登……劉堯、妻王氏，男繼寬、妻劉氏，繼亮、妻劉氏，孫男重元，貴元、妻劉氏……糾首：李如伭、妻柳氏，男永在、妻車氏，永萬，孫男智元、來兒施銀六兩。

衆糾首：劉舜、妻鄧氏，男繼命、妻李氏，孫男安元、明元施銀三兩六錢。李如□、妻王氏，男永尚、妻王氏，永書施銀三兩六錢。劉元付，劉永昌、妻王氏，男免良兒，李永富、妻李氏。

□匠：李廷林、□榮正、李如才。木匠：李士佐、李士康。石匠：周興、周號。住土僧人：□速。丹青：南元陽。瓦□：……

大清乾隆四十八年八月二十四日吉立。

永垂千古

重新大王廟碑記

486. 重新大王廟碑記

立石年代：清乾隆四十八年（1783年）
原石尺寸：高143厘米，寬62.5厘米
石存地點：晉中市榆次區烏金山鎮西沛霖村

〔碑額〕：永垂千古
重新大王廟碑記

粵稽民爲邦本，本固則邦寧，而神爲民主，主安而民斯福矣。矧茲大王尊神，兼司雨澤，介稷黍而穀士女，尤吾人所賴以遂生者哉！是以鷄鳴寺之左有大王廟，與寺并列，其廟規模嚴正，基址固完，翼翼乎真栖神之勝境也。碩歲月既久，風雨爲之飄搖，鳥鼠爲之穿穴，金碧輝煌漸乃改色。禪師祥□不忍坐視，遠募于京都以及東北兩口，期月之間，得二百餘金，裝載而還，雅意重新。奈功程浩大，所募金資猶不能以觀厥成。爰按五十三參之數，募化十方，又得百有餘金。一時功程突起，而神殿禪房焕然一新矣。此皆衆善捐資之德，而亦禪師募化之功也。事竣，磨碑二統，聘余作文。夫余以浮淺之學，詎克如命？乃葺廟金神，功德莫加，余雖不敏，可不效力？遂不揣固陋，盥手而爲之記云。

儒學生員施天義謹撰。

經理布施人：陽曲縣親賢村青龍社、黃龍社衆姓共施銀五兩。姚継虞、康□昇、張思林、趙騰、李詹、田碧、祁正夆、武創元、張大智、高尔明、田承、田貴重、田輝、田利文、田世榮。助緣人：田碧、康氏，男世□、張氏；世興、白氏；世常、王氏；孫男□元、福元、狀元施銀拾兩。郝瑠，男崇禮六兩。田承，男文秀五兩。武創兒，男定五兩。高尔明，男九見五兩。永裕店三兩。祁門王氏，男德□三兩。祁正斌三兩。仁仁堂二兩五錢。□如仁二兩五錢。德隆當、李德道、廣盛號、李詹、杜能文、彙濟號、順成永、祁正夆、義合號、晉源號、復通號、宏喜當、益順號、四義號、豐太號、永生當、晉興店、恒義當、天興號、天泰隆、通裕號、豐裕號，以上各施銀二兩。協成號、韓翠熹、王自窰、香春□、□順□、賈騰，以上各施銀一兩五錢。曹魁振一兩二□，高進喜、高進發一兩□□，武福元一兩二□。李玉珍、寶源局、隆泰號、趙成、殷府、武殿元、王近喜、林殿清、武子元、魁盛當、萬成號、永興魁、蔚德號、賈振環、段亨□、彙育□、大昇□、齊全義、廣順號、李樹窰、田利文、豐裕店、興盛廣、六合當、增盛號、曹尚德、順興隆、通永號、通義號、永萬全、通盛永、付有亨、宋悅、隆順號、順天號、德興號、順隆號、高尔會、廣興永、張全美、興隆號、刘家窰、康家窰、張思照、王建吉、田起花、田學武、楊□春，以上□□□一兩。……田海元、高學義、高尔月、馬如林、馬達、來和店、王學孔、廬國英，以上各施□六錢。段之禄、郝良田、李明良、白世德、萬□□、康□□、常□永、常盛號、義長號、恒豐號、通永當、刘建侯、廣□□、石□珍、雙□居、五合號、刘成太、張永後、張廷福、郭鏊、張國明、李思敬、刘浦、李根、尹世藩、永聚隆、孫□、趙襆彥、興隆永、三合號、興合永、廣來號、富有號、天成號、□剛、張斌、□□瑞、姚維喜、何斯□、興盛當、□□全、李宗□、□□□，以上各施□□錢。萬聚號、馬武興、源發號、三益號、常興號、武文基、馬兆熊、刘照遠、郭威、□秀，以上各施□□□。刘□□、梁□□、單□□、計□、張□、萬□□、□國英、楊……

親賢寺□義廟住持賈仁□、高仁勣。

大清乾隆四十八年仲秋穀旦立。

穿井碑

闻之鑿水入乎坎水之下高五上高為井為□□□□
也大矣哉況街衢為□□□□
或取諸東坡或取諸□□□□
鐫末便自去□下街井振□□三忠之中性下□□
為廳因同泉討議卜日建井量力捐□□□□
不俞快然又恐市井之地人祖十餘尚□□
之井一神為之佑泉甘向水専□有□□□
之日勒石以記□□□

乾隆四十八年歲次癸卯菊月　　敬立

487. 穿井碑

立石年代：清乾隆四十八年（1783 年）
原石尺寸：高 132 厘米，寬 58 厘米
石存地點：臨汾市襄汾縣汾城鎮文廟碑林

〔碑額〕：穿井碑

闻之巽水入乎坎，水之下而生出者爲井。《易》曰：井□□窮。井之□於人也，大矣哉，況街衢爲商賈會集之區，其需井尤急。□來無井，或取諸城内，或取諸東坡，或取諸下街三處之中。惟下街居多，雖亦用之不竭，□而取携未便。自去年下街井壞，更爲不便。今歲……此爲慮，因同衆計議，卜日建井，量力捐輸，間有不足……諸公無不翕然樂從。然又恐市井之地人□水苦，倘……幸廟中之井，神爲之佑，泉甘而水涌，□有孚元吉至明，□□其福哉。今於告竣之日，勒石以記。

頭緒：馮鍾秀。經理：監生劉士瑰。督工：李之緯、周聲遐、陳聖範。

（以下碑文漫漶不清，略而不録）

乾隆四十八年歲次癸卯菊月穀旦。

488. 東社修置鼓架記

立石年代：清乾隆四十八年（1783 年）
原石尺寸：高 42 厘米，寬 60 厘米
石存地點：呂梁市汾陽市三泉鎮仁道村

　　東社□鼓舊懸□虜殿前，爲晨昏進香兼迎神□水之用，年來風雨□□，□不可用。其門鼓二架，寄真武廟者，自乾隆元年重修以後，經理鮮得其人，鼓架鼓□□壞。壬寅秋，本社□財鳩工，均置鼓架。繪事畢，分寄□□。□首司之，住持日有事焉。廢者修而缺者補，□幾其歷□□新乎！惟是捐資姓名，不可湮没，爰列於左，昭示來兹。

　　霍肇修書丹。

　　計開：監侯光屏、霍永煜、任仲芝、監霍宗瀛、王允迪、原□惠、□□用，俱六錢。監張宏普、霍宗洛、王明、王燦、霍肇烈，俱五錢。王登朝、霍三常、貢霍宗派、霍大士、王庭佐，俱三錢。霍永輝、霍三台、霍宗文、霍宗詔、張永富、侯光衛、侯光藩、侯光庭、霍三聯、霍宗沂、趙德官、趙德位、霍大福、王毓秀、侯張氏，俱二錢。霍三顯、霍三文、王義貴、王義成、霍宗魯、霍宗綱、霍宗綸、霍宗軾、霍良相、霍大禄、霍維恭、徐國憲、庠生霍鎧、劉洪儒、師榮科、郭大俊、任有棟、霍肇□、甄國輔，俱一錢二分。

　　外收用舊欠銀四兩六錢五分，餘未悉究。

　　壬寅經理人：霍宗瀛、霍宗綸、任仲常。

　　乾隆四十八年歲次癸卯十月小春之吉立。

重修龍王廟碑記

當思建庙原所以增祥瑞昔也今

龍王尊神庙傾圯已久神像亦難望

吴村中向苦不忍廢壞協力與工同心

共高数月吶煥煥為新庙宇於是乎禋

煌神像於是乎整肅雲行雨施此祥瑞

所由来者也故勒石為誌

乾隆四十八年孟冬穀旦石工王修文刊

社首 張照好
張戙臣
張約義
程聚

邑庠生泰登峰撰
山鮑逄溪書
今建立

489. 重修龍王廟碑記

立石年代：清乾隆四十八年（1783 年）
原石尺寸：高 40 厘米，寬 45 厘米
石存地點：長治市壺關縣五龍山鄉上內村

重修龍王庙碑記

嘗思建庙原所以增祥瑞者也。今龍王尊神庙傾圯已久，神像亦难望矣。村中向善，不忍廢壞，協力興工，同心共爲，数月内煥然爲新。庙宇於是乎輝煌，神像於是乎整肅。雲行雨施，此祥瑞所由來者也，故勒石爲誌。

邑庠生秦登峰撰，福山鮑逢溪書。

社首張酌義、張魁臣、張世好、程聚，同建立。

乾隆四十八年孟冬穀旦，石工王修文刊。

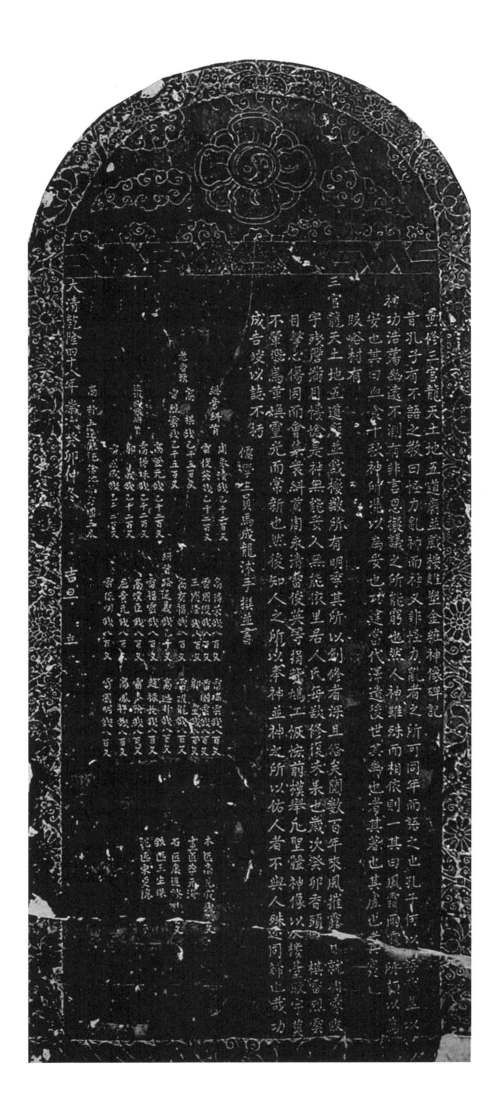

重修三官龍天土地五道廟並戲樓暨塑金粧神像碑記

昔孔子有不語之教曰怪力亂神而神又非怪力亂者之所可同年而語之也孔子何以

神功浩蕩鳥遠不測有非言思擬議之所能罄也狀人神雖殊而相依則一其曰風霜雨露行以為

安也其曰血食千秋神卽憑以為安也功建當代澤遺後世其學也當甚虔也黄與霓

眼峪村有

三官龍天土地五道廟並戲樓暨塑金粧神像碑者之所以刱修者深且俗矣閱數百年來風摧霓

宇殘膽滿目懷惟是社無能委之無能依此里君人民每歲修復莫果也歲次癸卯香頭

目筝心傷同而會集衆紳首周角永清雷俊英等捐貲鳩工飯淙前模舉凡聖像神像以次樓宇黄

不單恐為黄與靈光而常新也然後知人之所以奉神並神之所以佑人者不與人殊遠同神也哉功

成告竣以誌不朽

儒學生員馬成龍沐手撰並書

490. 重修三官龍天土地五道廟并戲樓雕塑金妝神像碑記

立石年代：清乾隆四十八年（1783年）

原石尺寸：高149厘米，寬60厘米

石存地點：晋中市左權縣寒王鄉段峪村

重修三官龍天土地五道廟并戲樓雕塑金妝神像碑記

昔孔子有不語之教，曰"怪力亂神"，而神又非怪力亂者之所可同年而語之也。孔子何以□語哉？蓋以神功浩蕩，幽遠不測，有非言思擬議之所能窮也。然人神雖殊，而相依則一，其曰：風霜雨露□所賴以爲安也；其曰：血食千秋，神所憑以爲妥也。功建當代，澤遺後世。其幽也者，其著也，其虛也□，其實也。段峪村有三官龍天土地五道廟并戲樓數所，有明季其所以創修者，深且備矣。閱數百年來，風摧露□，日就凋零，敗宇殘檐，滿目淒愴，是神無能妥，人無能依。里居人氏每欲修復，未果也。歲次癸卯，香頭棋雷烈雲目擊心傷，因而會集衆糾首周永清、雷俊英等，捐資鳩工，恢宏前模。舉凡聖體神像以及樓臺殿宇，莫不翬飛鳥革，煥靈光而常新也。然後知人之所以奉神，并神之所以佑人者，不與人殊同歸也哉！功成告竣，以誌不朽。

儒學生員馬成龍沐手撰并書。

總管糾首：周永清錢乙千二百文，雷俊英錢乙千二百文。老香頭：高棋錢乙千五百文，□烈雲錢乙千五百文。□□□□糾首：高登元錢乙千二百文，高得珠錢乙千二百文，郭義錢乙千二百文，□□成錢□□二百文。……糾首：高得榮錢八百文，雷國俊錢八百文，王鼎隆錢八百文，高有福錢八百文，路通義錢乙千文，雷福雲錢八百文，高漢臣錢八百文，屈貴元錢八百文，雷□□錢八百文，雷瑞雲錢八百文，雷國雲錢八百文，郭□錢八百文，雷□□錢八百文，高進□錢八百文，趙禄長錢八百文，雷聲□錢八百文，高鳳祥錢八百文，□□□錢八百文。

木匠……畫匠：李元□。石匠：康進□□□□文。鐵匠：王生保。泥匠：宋更德。

大清乾隆四十八歲次癸卯仲冬吉日立。

重修關帝廟並川路影響石橋碑記

惟神扶忠討逆以春秋大義炳於奕禩昭烺興龍詎相爭……

……神武大帝命有同春秋莫祀著為令也左以表忠扶嚴揭報功也……

……吏部侯銓直隸州命判丙子科副舉人王追澄薰沐稽首書丹

……儒學教諭孟縣王錫文

城守營司太原劉洪元

……乾隆廿八年歲在昭陽單閼畢辜之月勒石

吏部侯銓儒學訓導歲貢生王雍薰沐稽首撰文

文林郎知臨晉縣事桐城方中恕倫劉御殿

典史姚一揚

491. 重修關帝廟并創建影壁石橋碑記

立石年代：清乾隆四十八年（1783年）
原石尺寸：高218厘米，寬72厘米
石存地點：運城市臨猗縣臨晉鎮臨晉縣衙

重修關帝廟并創建影壁石橋碑記

惟神扶正討，遂以春秋大義炳於季漢，迄今千五百餘歲，而英靈昭爍，與乾坤相摩□，□蒿悽愴，若或見之，使人心向慕而不能忘敬畏，而不敢忽，而廟祀遂遍天下焉。我朝定鼎以來，加號追崇，敕封忠義神武大帝，命有司春秋享祀，著爲令典，凡以表忠扶義，揚□報功也。而吾城之廟，坐落學宮之東，自宋開寶以來，規模已備，而添修改葺，不知凡幾。歲月既久，風雨漂搖，兼以巨池左繞，每當霖雨，池滿水溢，漫湍通衢，行人病涉，浸瀾既久，而廟□□壁，亦陷沒於溝中矣。往者乾隆丁亥，邑侯華亭寥公雅意興修，捐俸倡首，焚修道人胡德盛會同鄉老協比經營，議將影壁南移數武，中間橫插石橋，以□□忠，并將廟址沿池十餘丈悉砌以磚，以極久遠之計。維時鄉老王居禄、王居恭、王追驪、王才朗、陳全、王勤明、王第祥、王追侯、王思朝，沿門持鉢，用襄厥事。又以其□之不足也，庠士蔡重茂、王華元偕同道官荊正引遠迹秦中，復得好善樂施者凡若干金。群聚而謀曰："聚沙磨杵，成功終非易易也，盍暫權子母之利，以充裕之。"又令道人楊正强同里老經其出納。越今歲癸卯，共計本利銀貳佰捌拾金。於是備物庀材者，王第祥、王追侯、王勤玉也；董事勸工者，陳全、王才朗、王勤明、王思朝也。自寢宮享殿以及廊廡、三門，敝者更之，朽者易之，欹者整之，缺者補之，黯淡者綠飾之，金碧炳耀，丹彩輝煌。猗與那與！廟貌視前，焕然一新矣。且以其羨餘於□翼、武靈侯、武烈侯祠，内添修暖閣二座，妥神靈也。又於享殿左偏隙地構室兩間，以爲鄉老經妝會計之所，便人事也。功既竣，欲礱石以記其事，而徵言於余。余樂其事之有成，而并嘉其謀之克協也，因將前後牽連書之，以識其實，俾百世而下，有所考據云。

吏部候銓直隸州僉判丙子科副舉人王追湛薰沐稽首撰文，吏部候銓儒學訓導歲貢生王雍薰沐稽首書丹。

敕授文林郎知臨晉縣事桐城方中，巡檢劉御殿，儒學教諭盂縣王錫文，典史姚一揚，城守營正司太原劉洪元。

侄徒許本生，孫張仁術，曾孫秦義景，焚修道人楊正强，徒胡本柱，孫崔仁聞。

乾隆建號四十八年歲在昭陽單闕畢辜之月勒石。

492. 滴水岩看冰記

立石年代：清乾隆四十八年（1783 年）
原石尺寸：高 133 厘米，寬 68 厘米
石存地點：陽泉市盂縣萇池鎮藏山祠

〔碑額〕：山高水長

滴水岩看冰記

滴水岩，藏山之第一奇也。邑侯徐君蒞盂時，□□外構亭一楹，下亭數武。豎石坊□極壯麗，爲岩增勝。亭未……未雲常雨，蓋以狀斯岩之奇也。辛丑冬，余隨伯兄萬和□阿咸、翼廷爲藏山游。穿石坊而履其亭，則不聞雨聲淋瀝，而但□堅冰□□矣。蓋□之深廣十餘畝，仰視其頂，石幔平懸，有水珠點滴，□各成冰，冰各成狀，如竹箭，如水晶，如玳瑁，如杵，如□，如車馬，如□□□閣，千□萬狀。難更□□高者，長數丈大者，徑數十圍連綿，絡繹而各空其中。如游雲母屏，窺朱雀窗，莫能測其中之所有。晚□□靜岩之禪室，翼廷燃燈數十枝，置水空際，遙望□光四溢，如電，如閃。而古樹蒼□，懸崖峭石，以及丹砂空青，瓦礫之光怪陸□，照□同於白日□□矣。夫虛中□□照遠，隱情不足自匿，人固有之，冰亦然耶。然則春風秋雨，不□□斯岩之美；夏雲冬……之勝矣！乃余遍摩石碣，閱前人傳記，山水之靈秘，神事之本末，至詳且備。而言冰者，僅有吾□尹君玉柱玲□一□。而□又不注，豈非以冰之結也必於冬，而人之來也多於春秋夏，冰之爲冰，適與□人相左耶？向使大冬岩寒之時，有大人先生來斯岩，而一睹其狀，當必有樂爲之鋪張揚厲者惜也！自有天地，便有斯岩，自有斯岩，即有斯冰。迄今而未獲一遇，即□有乘興而來，如我輩者，又復碌碌無長，不能一發其璀□焜耀之奇，以與淮南草木并有千古。余視斯冰，余悲斯冰之不□也。然吾□之，有云冰操者矣，取其堅也；有云冰鑒者矣，取其□也。斯岩之冰，不惟堅而且明，又復於□□邃谷，大肆其奇以聽，結散於陰陽消長之中，固無往□□得其爲冰也。知與不知，又何加於冰毫末也哉！僧人告余曰，□□□圮，□人有議移之他處者。余願登斯亭者，春聽風，秋聽雨，□看雲，知斯亭之宜於春秋夏而不可移。尤願登斯亭者，冬□□，□□亭之宜於冬，而更不可移。且亭移則石坊亦無所附。□□□而新之，□題一額，以名之曰看冰亭，惜不獲向徐君商之也。

萇川構堂氏□□□記。

愛松書□學□：張潤洲、李源昌、……賈進德、張璲、李貴、韓□成、于廷珍、韓城成、韓伏授、□東銘、韓學書、張敬德、賈永豐、韓萬金，立石。

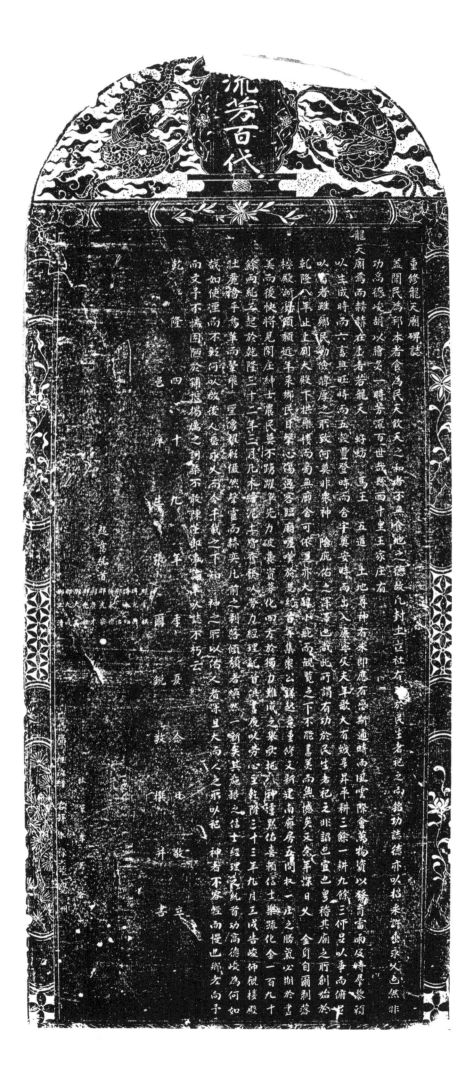

493. 重修龍天廟碑誌

立石年代：清乾隆四十九年（1784 年）
原石尺寸：高 171 厘米，寬 68.5 厘米
石存地點：呂梁市孝義市皮影木偶藝術博物館

〔碑額〕：流芳百代
重修龍天廟碑誌

盖聞民爲邦本者，食爲民天，飲天之和者不無食地之德。故凡封土立社，有□於民生者祀之，而銘功誌德亦以招［昭］來許，垂永久也。然非功高德峻，胡以膾炙一時、芳流百世哉？縣西十里王家庄有龍天廟焉，而赫赫在上者若龍天、蚸蚸、馬王、五道、土地尊神，有求即應，有感斯通。時而風雲際會，萬物資以發育，雷雨及時，群黎賴以生成。時而六畜興旺，時而五穀豐登，時而舍宇奠安，時而出入康寧。及夫年歌大有，歲享升平，耕三餘一，耕九餘三，何足以事而俯足以畜者？雖鄉民勤儉醇厚之所致，何莫非衆神蔭庇佑之深澤也哉？此所謂有功於民生者祀之，非詔也，宜也。粵稽其廟之所，創始於乾隆八年。止上列大殿，下拱樂楼，而旁無廊舍可依，是亦大醇小疵，而觀覽之下不能盡美而無憾矣。又奈年深日久，金身自爾剥落，楼殿漸覺傾頹。近年來，鄉民目擊心傷，過客臨廟嗟嘆。於是糾首等集衆公議，起意重修。又新建南廊房五間，收一庄之勝氣必期於盡美而後快。將見閤庄紳士農民莫不踴躍爭先，力破囊資，募化四方，於獨力難成之舉。欣托神靈默佑，喜賴信士樂疏，化金一百九十餘兩。紀工起於乾隆三十二年三月，凡木繪泥土皆奮發以劳力，經理、糾首俱晝夜以劳心，至乾隆三十三年九月工成告峻［竣］。仰觀楼殿壯麗偉乎，鳥革而飛翬，聖像耀彩，儼然聲靈而赫奕，凡前之剥落傾頹者焕然一新矣。其施銀之信士、經理之糾首，功高德峻爲何如哉！如使湮而不彰，何以啓後人垂永久，而令千載之下知神之所以佑人者深且大，而人之所以祀神者不容輕而慢也。鄉老向予而文。予不揣固陋，於鋪張揚厲之詞概不敢陳，僅即事論事，以誌不朽云。

邑庠生張爾銳敬撰并書。

起意糾首：那富麒、傅光□、傅永旺、那治、傅永德、那光宗、那廣才、那光位、那大義、那大成、那正清。

鐵筆李萬倉。

住持廣玨，徒緒容，孫本禄，孫覺州。

乾隆四十九年季夏念日敬立。

 清（二）

重修白龍神祠碑記

吾里四面皆山而木蘭峰最高而秀自木蘭峰而下綿岡走眷崿見兩側出者凡八九麓皆坑埏下均若牛馬之飲於溪而雷神山獨從中蟲起一峰苦人也白龍神祠於其上兼祀雷公電母而山以得名其高雖不及木蘭峰之半而平原萬頃烟火年燉以及天地之陰晴禽馬之上下畢共舉下其柳々州聯謂嚝如者歟廟制南向蒼松翠栢環列如麻穿林而北翠木蘭正峰螢嶤天際而岩嘗谷幽深復有他麓之森相制如犬牙非土着人不能問津則峹山也矌而未嘗不具按廟建自先代其經修也屢矣費皆取投山乾隆甲辰夏偵松樹十株於價三十六緡並正殿兩廊山門鐘鼓樓仍舊制而新之工竣嘱余為記夫事於後廢無常而莘山之常新則嘉林常以有木故使里人非有事於廟不敢過而問值而興廢無常而莘山之常新則嘉林常以相繼而廟亦得以永不廢倘或有柳々州其人者一来其地安知邪山之勝不與粵中山水並傳宇內也哉　鐵筆李靜

邑人生員李廷霖撰文　張晌書丹

大清乾隆四十九年秋七月吉日勒石

494. 重修白龍神祠碑記

立石年代：清乾隆四十九年（1784年）
原石尺寸：高104厘米，寬48厘米
石存地點：陽泉市盂縣萇池鎮東萇池村

〔碑額〕：碑記
重修白龍神祠碑記

吾里四面皆山，而木蘭峰最高而秀。自木蘭峰而下，綿岡走脊，旁見而側出者，凡八九麓皆蜿蜒下向，若牛馬之飲於溪。而雷神山，獨從中矗起一峰，昔人建白龍神祠於其上，兼祀雷公電母，而山以得名。其高雖不及木蘭峰之半，而平原萬頃，烟火午家，以及天地之陰晴，禽鳥之上下，畢盡於檐下，其柳柳州所謂曠如者歟！庙制南向，蒼松翠柏，環列如麻。穿林而北，望木蘭正峰，岩嶢天際，而岩谷幽深，復有他麓之來，相制如犬牙，非土著人不能問津。則茲山也，曠而未嘗不奧。按庙建自先代，其經修也屢矣，費皆取於山。乾隆甲辰夏，貨松樹十株，□價三十六緡。并正殿、兩廊、山門、鐘鼓樓，仍舊制而新之。工竣，囑余爲記。夫事之興廢無常，而茲山之常新，則以有木故，使里人非有事於庙，不敢過而問值。而復禁樵采之加，則嘉樹常常相繼，而廟亦得以永不廢。倘或有柳柳州其人者，一來其地，安知茲山之勝，不與粵中山水并傳宇内也哉？

邑庠生李廷霖撰文，邑人張晌書丹。

鐵筆李翃。

大清乾隆四十九年秋七月吉日勒石。

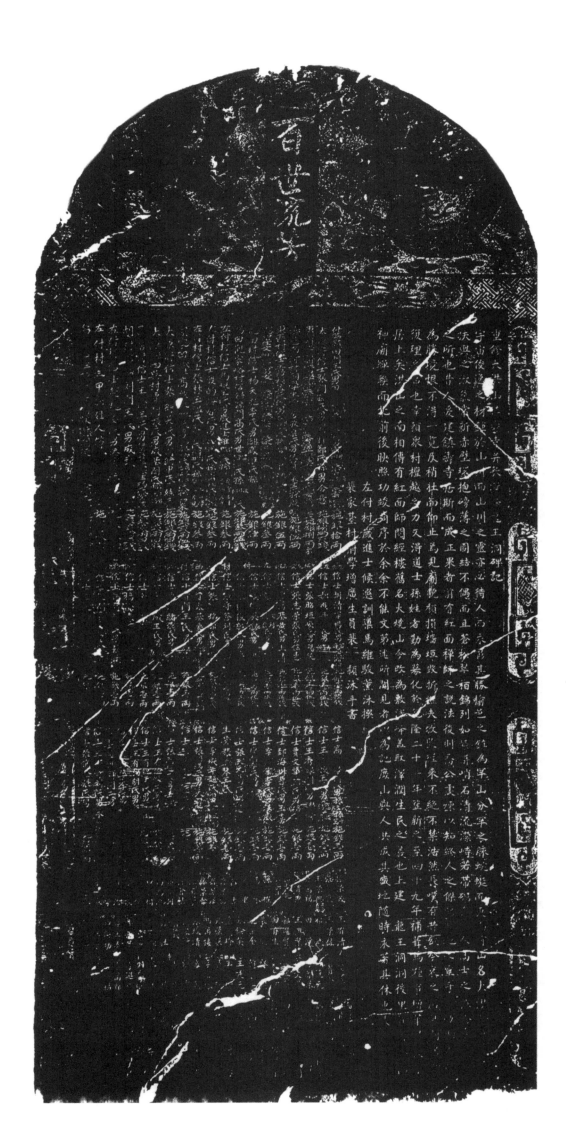

495. 重修大洪山鎮壽寺并敷澤峰龍王洞碑記

立石年代：清乾隆四十九年（1784年）

原石尺寸：高171.5厘米，寬78厘米

石存地點：晋中市榆次區烏金山鎮大洪山鎮壽寺

〔碑額〕：百世流芳

重修大洪山□壽寺并敷□□龍王洞碑記

宇宙俊逸之材鍾於山川，而山川之靈亦必待人而永彰其勝。榆邑之鎮爲罕山，分罕之脉，蜿蜒而東□，□山名大□。□□□□，扶興之淑氣常新；赤壁環抱，磅薄之團結不偶。而且蒼松翠柏，錦列如帳屏；峭石清流，瀠峙若帶礪。□□人高士之□，□□□□之所也。昔人爰建鎮壽寺。居斯而成正果者，前有紅面禪師之説法，後則喬公處煉以知終。人之杰□□□□靈乎？□□□□□爲勝境，恨不得一覽。及稍壯而仰止焉，見廟貌頹損，墙垣毀折，樵夫牧竪，往來不絶，不禁浩然長嘆，有昔盛今衰之□。□□□□復，理之常也。幸賴衆村檀越之力，又得道士孫姓者勤爲募化，於□隆二十一年整新之，至四十九年補葺焉。踵事增□，□□□居上矣。洪山之南，相傳有紅面師閲經樓，舊名火燒山，今改爲敷澤峰，盖取澤潤生民之義也。上建龍王洞，洞後里□，□□□神廟，蟬聯而北，前後映照。功竣，商序於余。余不能文，第述所聞見者，以爲記。庶山與人共成其盛，地隨時永，著其休也□。

左付村歲進士候選訓導馬維駿薰沐撰。

裴家臺村府學增廣生員裴穎沐手書。

（以下碑文漫漶不清，略而不録）

496. 敕封會應五龍王重修碑記

立石年代：清乾隆四十九年（1784年）
原石尺寸：高220厘米，寬68厘米
石存地點：長治市上黨區蘇店鎮東賈村

敕封會應五龍王重修碑記

今夫龍之爲靈昭昭也，欲小則如蚕蝎，欲大則涵天地，欲升則凌雲，欲沉則伏淵。管子稱龍爲神也，同宜□龍爲神，則無龍非神，寧有成□可言□？聞之□帝□巡□，黄龍五采［彩］，負圖以献，又龍池七百里，多五花樹，群龍居之，群龍食之。從未有稱龍爲五者，而松山特□五龍之祀也，何居？或曰：山當慕容氏時，嘗有五色祥雲，龍形蜿蜒，出没隱見，不一而足。故山以是而得名，人以□□而崇祀。噫！异矣！龍之示衆以五，其亦如五星、五帝、五□、五位、五運之各有專属也歟？姑不具論，夫□□□重□稷者，亦以其能庇兆姓耳。若山巔之廟，自晋迄今，郡中旱則必禱，其應如響，□□安而沐膏澤者，盖八邑焉。古□□山川之神，有功烈於民者，其□□□？安得而不祀禱？是郡城西門及山之左右，一如山之右，祀者□在皆是，而賈村之廟爲□□。□者□以報功，不必□於其地歟？然而□有歷年，□此雖已□□，□□□傾圮殊甚。村人瞻拜之餘，慨然太息，以爲興雲□雨如五龍之神者，顧可無以妥其靈也乎！于是議定……等共董其事，而三人者，佃出己囊以倡□，復立□募以□資，庇材鳩衆，自乙未正月至甲辰七月，而工已告竣。□制之外，又重修殿宇，增立香亭、鐘鼓二樓、搭厦五間、□棚三間、街房三間。垣墉鞏固，金碧輝煌，而氣象焕然齊新矣。夫黍稷非馨，明德維馨，後人之奉祀者，吾□不知其何如。而第能勿令漂漂，接踵而起，如此日之作廟翼翼焉，其亦不失此義也夫！

（以下碑文漫漶不清，略而不録）

新建龍王廟碑記

迂夫神之為靈賜之也故其功德之逮及民間者皆得享于其程祝焉而聚此建立廟

經歲以安神靈而展報焉也況土之海神者司雨澤之權潤禾苗而育民人其功偉哉

流相店民少存報賽之忱亦欲建立廟壇以綏聖像憮乎民困力微真克立慰其

候回以延及王宙年起意聊為化他才伴村眾隨心喜善度程工可以興作委是卞吉

村南河濱之側創造磚窯孔以為斂于事祀之弱而由凶及少非散云足是壯年目

之觀而明神已幸式馮有藉矣茲者於癸卯之年業已告竣而經事者有竇刻石

以垂不朽云

497. 創建龍王廟碑記

立石年代：清乾隆四十九年（1784 年）
原石尺寸：高 142 厘米，寬 66 厘米
石存地點：呂梁市孝義市東許街道道相村小學

創建龍王廟碑記

且夫神之爲靈昭昭也，故凡功德之逮及民间者，皆得享其禋祀焉。向要非建立廟壇，無以妥神靈而展報□也。況□□之爲神者，司雨澤之権，润禾苗而育民人，其功德之及於方隅，更有恢宏者哉。故我道相居民，久存報賽之忱，亦欲建立廟壇以綏聖像。惜乎民困力微，莫克□慰其懷。因以延及壬寅年，起意募化他方，併村衆隨心喜捨。度程工可以興作。爰是卜吉村南河濱之側，創造磚窰一孔，以爲殿□享祀之所。而由内及外，非敢云足壯耳目之觀，而明神已幸式憑有藉矣。茲者於癸卯之年，業已告竣，而經事者自宜刻石以垂不朽云。

重修龍子祠廟蒞各工碑記

平水官河渾澗臨襄民食其利久矣水之溪有
龍子祠自大殿以至清音亭凡有工作兩邑渠長合修東西則分任其事興工者使水蘊例然也乾隆甲寅三興水平
保憲憲二麦不淤民食有缺歲將除詣祠慶禱於乙巳封正二日瑛雲密布四野歲周竟日夜迺止太守被佛過矢洲
新爰捐廉為兩邑士民倡維時臨襄案衆以公祖之誠格於神明咸頌手稱慶躍躍輸將不數月而工成太河接年條記勒
諸員珉以垂不朽而廟左池畔牌坊官房僧舍應臨邑獨修者亦次第舉董事諸人復以碑記為請夫神之佑民氏之敬神
大守口此事神愛民頌末俱悉前碑莽復何容耳贊弟修廟公中之私也當運董之始
士庶愿余調度曾囑將東廊一帶截出三楹改為官廳其禪房密頂土夯樓五間征隔內外易門隄以循樓止張衆前以鍾嘉
增葺暗訕者然三人占則從二人之言議竟行時五月旱甚上浣尤日日太守步行三什里樓頭齋宿余亦假館官舍祇候祈雩
特調臨汾縣正堂加二級軍功加三級隨帶加一級恩加一級又卓異加一級紀錄十二次軍功紀錄三次記大功三次
陞廣西象州正堂東光李早崇撰並書

典史加一級卲錫基

教諭卞珩
儒學訓尊葉輯

龍河二丈分水利各渠埭工渠長公立
乾隆五十年歲欽乙巳六月望日勒石

498. 重修龍子祠廟左各工碑記

立石年代：清乾隆五十年（1785 年）
原石尺寸：高 140 厘米，寬 65 厘米
石存地點：臨汾市堯都區金殿鎮龍祠村龍子祠

重修龍子祠廟左各工碑記

平水官河澤潤臨襄，民食其利久矣。水之涘有龍子祠，自大殿以至清音亭，凡有工作，兩邑渠長合修，東西則分任其事，興工者使水，舊例然也。乾隆甲辰，三□無雪。太守保憲慮二麦不滋，民食有缺，歲將除，詣祠虔禱。旋於乙巳新正二日，瓊雲密布，四野咸周，竟日夜乃止。太守敬□神□，矢□□新，爰捐廉爲兩邑士民倡。維時，臨襄渠衆以公祖之誠格於神明，咸額手稱慶，踴躍輸資。不數月而工成。太守援筆作記，勒諸貞珉，以垂不朽。而廟左池畔牌坊、官房、僧舍，應臨邑獨修者，亦次第畢舉。董事諸人，復以碑記爲請。夫神之佑民，民之敬神，太守之事神、愛民顛末，俱悉前碑，茲復何容再贅？第修廟公事也，合修之廟，公中之公也，分修之工，公中之私也。當重葺之始，士庶懇余調度，曾囑將東廊一帶截出三楹，改爲官廳，其禪房窑頂上有樓五間，宜隔內外，易門窗以備栖止。渠衆有以踵事增華暗訕者。然三人占，則從二人之言，議竟行。時五月旱甚，上浣九日，太守步行三十里樓頭齋宿，余亦假館官舍祇候祈禱。至十二日得雨二寸，雖未深透，而求雪得雪，求雨得雨。神功叠著不止，源遠流長，共分餘潤也。至是相訕者始諒余之補葺樓亭別有用處，非爲寓目騁懷地也。渠上諸公任勞任怨，修舉匪易，尚望同心綢繆，勿使廢墜也夫。是爲記。

特調臨汾縣正堂加二級軍功加三級隨帶卓异加一級恩加一級又卓异加一級紀録十二次軍功紀録三次記大功二次陞廣西象州正堂東光李早榮撰并書。

儒學教諭卞珩，儒學訓導葉楫，典史加一級邵錫基。

北河二十分水利各渠督工渠長公立。

乾隆五十年歲次乙巳六月望日勒石。

清（二）

499. 使張村重修三官廟碑記

立石年代：清乾隆五十年（1785 年）
原石尺寸：高 255 厘米，寬 103 厘米
石存地點：晉中市榆次區使張村三官廟

〔碑額〕：億萬□□

使張村重修三官廟碑記

使張村者，在城北十里，魏榆富庶□也。其北有三官廟，榛莽荒穢，古樹扶疏，階荒構落，由來舊矣。□豎碑□皆係重修，創始之年不□復考。□館□是鄉之六年，有好□□□□本處施，募四方財，并劈伐廟樹之□大而礙人行者□焉，共得資若干。蔚然振新，屬予以記。

問以□三官之說，則曰：天□、□官、水官也。又曰：世嘗有賜福、赦□、解厄之□。推其原始，則曰人亦有言，三官殆始於李唐云。余未敢信。夫以三官□□推之，則宜與乾坤同始；即不然，亦應爲璇璣之掌、廣輪之運、疏抑之利，不至如賜福云云也。稽諸祀典，法施於民則□□，□禦大災則祀之，能捍大患則祀之。《周禮》則有天□、□官之制，而不聞水官。《曲臺記》則云："鯀郭洪水，禹能修之。"又云："冥□□□而水死，至今祀爲冬神。"冬盛德在水，是皆宜祀。□□者，而以爲始於唐，似屬不經。抑又思之，素娥之奔月也，在唐□□，于傳有焉，且二十八宿姓諱亦始於東漢，兩者非□□□乾坤同始者哉？而胡以亦有後起之稱？則世說人□之論□□□，又烏可盡斥哉？獨廟之不知起於何時，友人以爲□□。余曰："嘻！始之不知，正足徵從來者遠，是堪大快也，胡乃爲□？"□□□公之義舉與余之謬詞則明徵焉。大清乾隆之五十年，使後之視今，不至如今之視昔亦足矣。是爲記。并將資項之□入，營造之小大，以及捐施經理□公姓名，詳列於後。

癸卯科經元邑人李溫熏沐謹撰，國子監監生鄉人韓世藩沐手敬書。

（以下碑文漫漶不清，略而不錄）

大清乾隆歲次乙巳時維□月序□三秋吉日。

500. 掘井分水碣

立石年代：清乾隆五十一年（1786 年）
原石尺寸：高 36 厘米，寬 74 厘米
石存地點：運城市新絳縣陽王鎮南池村

……而泉又多且旺，分數輪次，勒石永明：

一、史位柱十四分，位楨八分，位楹四分半，位賢五分，位朝五分半，位和五分，位公四分，三九五分半。一日。

二、史大正九分，大能六分半，學尹十四分，大明三分，大武二分半，榮先十三分，榮祖三分。一日。

三、史耿仁五分半，耿回二分半，耿川六分，耿梅三分半，耿思七分，認一分半，課五分半，訥二分半，大義五分半，大俊四分半，大有七分。一日。

四、史雲臻六分，耿直二分半，耿達七分，耿明二分半，學聰三分半，繩祖十五分半，述祖八分，段氏六分。一日。

五、史大爲九分半，大海六分，克孝六分半，大武七分，學聖七分，文榮五分，天保三分半，天偉四分半，文俊二分半。一日。

五日一輪。

井池二厘二毫。史王氏，子耿思，孫致中、致和施地一厘一毫，共三厘三毫。

首事人：史位和、史天偉、史位柱、史課、史大爲、史耿直、史耿思、史大海、史文榮、史榮先、監生史繩祖。

督工人：史位和、史自修。

庠生史良史書。

大清乾隆五十一年九月十三日立。

皇清

501. 霍郡陳家宎建立東閣井窑并補修三王廟築成西溝堰序

立石年代：清乾隆五十一年（1786 年）
原石尺寸：高 95 厘米，寬 55 厘米
石存地點：臨汾市霍州市師莊鄉陳家窪村三王廟

〔碑額〕：皇清

霍郡陳家宎建立東閣井窑并補修三王庙築成西溝堰序

從來建楼立閣，無非爲補風接脉計也。吾鄉中立三王庙，南建觀音堂，北營財神閣，其屢爲修理者不云不備矣，雖然猶未也。盖詳考地理，東南爲文星之所居，此處不修，則無以鎖一村之秀氣，其何以望人才之日盛也哉。於是盒〔合〕村公議，欲興此工。但工程浩大，獨力難成，因請四方君子聯成積金義會。會成之後，即鳩工庀材，建立上下磚窑二孔，揮立罙罳一道，遂成吾鄉東南一大觀也。村南井上又立磚窑一孔，則風土塵垢有所蔽，而水不患其不潔也。又於三王庙無梁窑内，兩隔磚壁，對設門面，則不特是窑永固，亦且門户謹慎也。至庙内傾圮之處，無不細細補葺，亦不詳爲誌也。且欲於村西溝底壅築成堰，苦無寸地。有諱偉元公者，慨然先施地基一塊，分文價銀不受，并續置續捨地数段，而是堰因以得成，神前香火之費有出，豈非一大功德哉？按上数工，經始於乾隆二十七年春，落成于五十年冬。使不將賢劳君子并樂輸仁人悉勒貞珉，則没乎人善者，豈君子揚善之心耶。是爲序。

郡儒學增廣優生陳晴嵐撰文，郡儒學增貢陳偉元書丹。

（總管、分理等芳名略而不錄）

時大清乾隆五十一年歳次丙午孟冬吉日立。

502. 重修毫仁山寺碑記

立石年代：清乾隆五十二年（1787 年）
原石尺寸：高 134 厘米，寬 71 厘米
石存地點：太原市尖草坪區柏板鄉鎮城村毫仁寺

重修毫仁山寺碑記

粵稽古迹，漢代有高士避莽難，而隱居於山谷，姓氏不傳。迨光武恢復，封爲毫仁，始號此山爲毫仁山，因立寺於其上，亦名之曰毫仁寺。南寺惟存遺址，北寺樓殿依岩石，佛羅像屏環而列，西寺龍王殿，穴出甘泉，暗滴龍池，甃井以疏水道。是創建之所，自昉堪垂不朽於奕祀者也。越數百載而修於唐，尉遲公監造。再越數百載而至正德年間，仍其舊形，又加振作。經累朝之倡率整理，而殿宇廊廡隆其制度，田園土地拓其境疆。庶乎規模畢具，煥然式廓焉，而且神靈應禱，甘霖普濟，尤足動歡歌於群生。由明迄今，閱二百餘歲，相去雖匪甚遥，然時移勢殊，風頹雨侵，廟貌固多漂零，垣舍亦將傾圮。鎮城父老每值祀事登臨，睹林壑之深秀，賞嵐阿之峻叠，不禁悵然，嘆古寺之摧殘，擬議重修。竊幸好善之性賦於秉彝，語及閭里，族黨欣然樂從。於廢者興之，缺者補之。歷兩寒暑而繼葺，功竣則內外完固，景物維新矣。夫繼往□急，責不容諉，詎敢謂媲美盛典於茲聿昭。第克繩前烈，勿俾中隳。聊修流覽，以□來許，冀後之視今，亦猶今之視昔云爾。

陽邑儒學生員馮杰撰，李莊書。

功德主樊政庵施錢三拾千叁百陸拾文，功德主劉成仁施錢叁拾千貳百伍拾文。樊生盛、周子信、樊生會施□霸下。

總理糾首：劉際緒、王政、樊肆庵、李芝、劉際春、馮浩、張仲元、程自美。

木匠：普生璽、史宗印。鐵筆：樊生盛、樊生會。泥匠：杜存滿。畫匠：張文常。

住持僧深變、深泰，門徒西雷、西雲、西雯，法孫來重、來威、來成，孫祖林。

大清乾隆伍拾貳年孟秋穀旦立。

503. 重修龍王五聖殿序

立石年代：清乾隆五十三年（1788 年）

原石尺寸：高 160 厘米，寬 66 厘米

石存地點：臨汾市蒲縣薛關鎮姜家峪村五龍三聖廟

〔碑額〕：重補碑記　　日　月

重修龍王五聖殿序

自古聖王欲作威乎民，必致敬於神，亦以念民爲國本，而民之所依庇者，其在神乎！蓋朝風暮雨，神聖介之景福；春祈秋報，庶民昭其明□也。故不特大都小邑，宜建祭祀神□，閭里之地，亦不敢廢此舉也。姜家峪雖系彈丸，先已有庙宇、樂亭之觀，建立之日已邈焉難追。考及重修之年，迄今六十餘載，聖像損壞，廟亭坍塌，并未修補，蓋以村小人少，又兼貧乏者多，無力鳩工耳。廉近來糾衆公議，除本村人各捐銀外，不再募化猶不足補葺耳，如此不惟神靈不能妥侑，而人民亦難以停留。誠蒙諸君子仗義疏財，以助成工，雖未具備，亦屬當時之新觀焉。因而工既告竣，勒石書諱，以垂永久云爾。謹序。

儒學生員賈澤東撰并書丹。

本村糾首：爲首盧廉捐銀三兩，景忠孝捐錢二千，任大彪捐銀二兩，牛永民捐銀二兩、化銀二兩，芦文茂捐銀二兩，芦文有捐銀二兩，王承宗捐銀二兩、化銀二兩，吳天順捐銀二兩、化銀二兩，吳天孝捐銀二兩、化銀二兩，牛永仁錢九百，芦文興錢五百，芦文盛錢三百，張良根錢三百，鄭萬銀二錢，陳放文錢一百，楊西旺錢一百。

在城：曹新□銀五錢，曹維清銀五錢，袁進文銀五錢。

要後：朱有榮銀三錢，李公銀二錢。

布珠村：賈通、賈浩然、王月、賈恕唐、賈金寶、賈□放、曹福有、曹福年，以上各施銀三錢。曹密、曹甯、賈金庫、曹祿有、郭紀，以上各施銀二錢。曹宥、王亮、賈金倉、郭紅、楊盛山、王從龍、楊清山，以上各施銀一錢。

上河圖：張尔富、王布忠、賈興放、解廷仙，以上各銀三錢。

下河土：鄭福、王希正、田大海、莪本明、田滿世，以上各銀二錢。

水珍村：王希富、賈元英、王布厚，以上各銀三錢。張賢德、冀毓桂、丁富生，以上各銀二錢。丁秀生銀一錢。

略東村：閆克忠、郝玉珍，以上各銀三錢。

生員：王會友、閆庫、張植、曹祥、王企舜。生員：閆開山、韓祿、張學詩。生員：冀陛元、王金禹、李正、閆證、閆誥、閆克平，以上各銀二錢。生員：張桐、閆懋、王廷玉、閆克甯、劉富有、王堤、張學文，以上各銀一錢。

泉子角：馬大經、李存德、李存金，以上各銀三錢。馬大有、卜大德、卜大明、李存銀、卜有倉、宋中富，以上各銀二錢。卜明庫、秦德有、烏大本，以上各銀一錢半。解文庫、宋中盛、靳德功、武貴有，以上各銀一錢。

薛關村：耆老牛，舒銀三錢。生員王克長、王廷煊，監生王廷宰、常克儉，吏員閆克祀、常道、閆克緒，以上各銀二錢。生員王澤重、閆有光、王帝心、王可則、王帝臣、閆恕、王勳、曹思太、

王天喜，以上各銀一錢。

掌里村：劉則玉、薛甯、蔡進達，各銀二錢。

化樂鎮：席淮新，銀三錢。席斯盛、席晋元、武生席勳，監生席金玉，以上各銀二錢四分。

生員席秉善，生員曹瀚，生員席清元、席萬益、席秉剛、周仁、龐先、席禄、李豹、李富美、張然、郝林保、李明、席斯道、席以盛、武生奇、張光富、王百粮，以上各銀一錢二分。

簾里：戴記周三錢，郭生金、張生銀、趙漢弼、趙登文、張天雲，以上各施銀二錢。趙飛一錢，趙俊秀一錢，高英一錢。

下太夫：郭存銀、郭耀、郭存讓、郭忠、郭存静、郭誠、郭喜，以上各銀二錢。郭存株、郭存禄、郭存肅、袁學，各銀一錢。

被子原：李鳳三錢，馮存義、李滿倉、馮忠、田甯、杜聚真，以上各銀二錢。李進、郭雲、李皇、馮自月、解大清、馮天順、田生法，以上各銀一錢。

麦見嶺：郭維天、張豹、鄭文進、鄭國義，以上各銀三錢。

半溝河：楊乾三錢，楊正三錢，邢福有一錢半。

天神庄：曹道行、曹道明、賀奎元、杜存貴、張舜、賀天禄、賀天明、張玉、賀天文、賀天武，以上各銀二錢。

后原頭：賀天建、王富、賀連柄、賀連清、邢滿食，各銀一錢。

安家嶺：張連、趙京，各錢半。張湯一錢，賀金義六分。

前凹里：楊如相三錢，代文二錢，楊傳一錢半，于大庫一錢。

梁家庄：姚天德、任之同、崔大富、郭金甯、崔大有，各銀二錢。郭智、郭明、董發財、韓興寶、王茂興，各銀一錢。

下金定：馮雲、杜大顯、杜大仁、李法財各二錢，任寅、杜思孝、杜思賢、郝有才、温瑞文、張世法，各錢半，郭順、杜大成、馮禄、陳懷務、杜思恩、張世義，各錢二分。

柴家原：張文德、衛繼奎、任心富，各一錢二分。

南溝村：孟盛、張槐、許盛禄、張柄、張方，各一錢半。王懷、張廷祥、張廷黄、曹正基、趙廷佐、張盛郎，各一錢二分。

辛庄村：趙十有、蘇學禮、王朝思、劉喜真，各銀一錢。

大清乾隆五十三年歲次戊申孟夏朔四吉日立石。

《重修龍王五聖殿碑》拓片局部

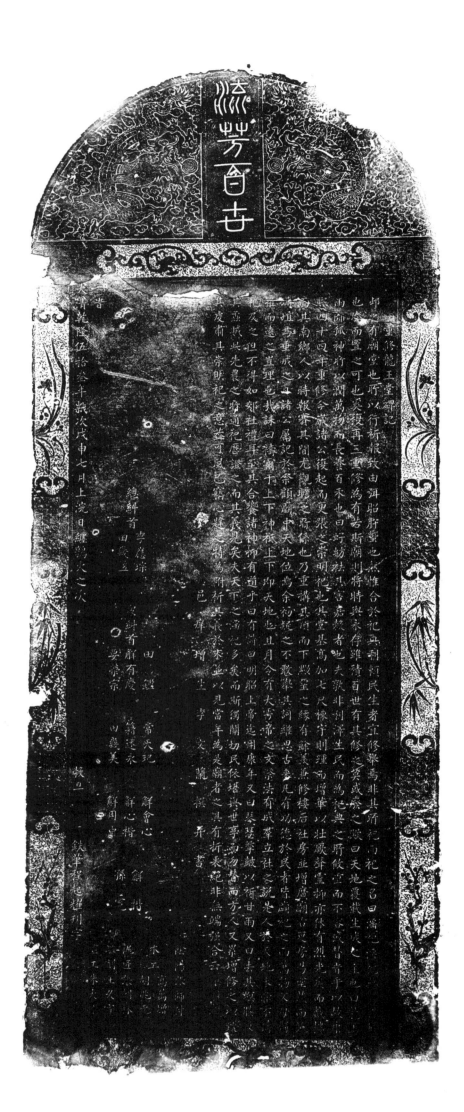

504. 重修龍王堂碑記

立石年代：清乾隆五十三年（1788年）

原石尺寸：高140厘米，寬50厘米

石存地點：晉中市太谷區

〔碑額〕：流芳百代

重修龍王堂碑記

村之有廟堂也，所以行祈報，致由弬昭胕饗也，然惟合於祀典、利賴民生者，宜修舉焉！非其所祀而祀之，名曰淫祀。淫祀……也，廢而置之可也。奚復再三重修爲有若，斯廟則將時與永存。雖積百世，有其修之莫或廢之歟。曰天地覆載，生成之主也；曰龍王、雨師、狐神，所以潤萬物而長養百禾也；曰好蚄，袪其害嘉穀者也。夫孰非利澤生民，而爲祀典之所攸重而不容或替者乎。以故康熙四十四年重修。今歲，諸公復起而更張之，崇明祀也。其堂基高加七尺，棟宇則踖而增華，以壯厥聲靈，抑亦休有烈光矣。而戲樓面其南，鄉人以時報賽其間，尤觀瞻之所繫也。乃重構其頂，而下黝堊之。緣有餘羨，兼修樓後社房，并增廣廟右更房，易塗茨而施□埤堄焉！垂成之日，諸公屬記於余。顧廟中天地位焉，余初疑之，不敢舉其詞。繼思古來凡有功德於民者，皆廟祀之，而萬物父母獨推而遠之，豈理也哉？誄曰：禱爾于上下，神祇上下，即天地也。且《月令》有大雩帝之文，《祭法》有成群立社之說。是人於天也，未嘗不禱祀及之，但不得如郊社禮耳，至其合饗諸神，抑有道乎？曰有詩，曰明昭，上帝迄用康年。又曰琴瑟聲鼓，以祈甘雨；又曰去其螟螣及其蟊賊，此先農之所通祀。歷證之，而其義見矣！夫天下之淫祀多矣，而斯獨關切，民依堪輿世享而勿替。而方人又累增修之，以致其虔肅其崇，明祀之意，蓋可風已。竊心題之，特爲附析其義於末，并以見當年爲是廟者之具有折衷，絕非無端強合云。

邑庠增生李文蘭撰并書。

總糾首：李應琮、田幾盈。

衆糾首：田鑒、解有慶、要榮宗、常天玘、籍述永、田幾美、解會心、解心楷、解用中、解楷、孫寬。

陰陽張師付，木工高萬增、胡兆九，泥匠張朝林，雕刻王久賓，畫工朱大寶。

鐵筆程起耀刊字。

時大清乾隆伍拾叁年歲次戊申七月上浣日纏鶉火之次穀旦。

黄河流域水利碑刻集成·山西卷 四

创修□王庙碑记

505. 創修龍王廟碑記

立石年代：清乾隆五十三年（1788年）

原石尺寸：高30厘米，寬55厘米

石存地點：晋城市陵川縣潞城鎮東村龍王廟

創修□王廟碑記

聞之好善樂施，人有同心，苟非有倡率之人，其何以傳後世而垂無窮？吾村大佛掌，古無井泉，每遇亢旱，居民幾不生活。適有村老段氏□□者，爰請堪輿得佳地，其□地主段氏□□者慨然而樂施焉。是舉也，經始于二十四年二月十五日。一□間工程告竣，泉□□□，由是居民安□□□□意于三十年間又遭大旱，泉源幾涸。村中二老郝、段氏子仁、□者深……地主段氏□□亦補施其地興工掘井，源泉□□□□□吾□□□□□由來創修龍王廟一所□□□。□爲記。

邑人和大□□□，邑庠生和士□□丹。

維首……

□□五十三年仲秋穀旦。

永垂

重修将軍廟碑記

大清乾隆五十二年岁次戊申孟冬吉旦立

506. 重修將軍廟碑記

立石年代：清乾隆五十三年（1788 年）
原石尺寸：高 148 厘米，寬 70 厘米
石存地點：晉中市壽陽縣鹿泉山古寺廢址

〔碑額〕：永垂

重修將軍廟碑記

　　嘗觀鹿泉山青松蒼蒼，高出雲表，黃鹿居左，清泉在右。一曰鹿，一曰泉，因此二者共名爲山也，既而爲千載之奇□，一方之保障。舊有古廟三間，金鐘一口，傳説是軒轅聖祖位前左翼護國將軍，歸化於此地。其神極靈，凡遇祈風禱雨，無不應驗。但歷代已久，廟貌傾頹，於是糾首、住持、闔村公議重修。西面新建重楼三間，南券石窟五眼，北盖瓦房六間，東造戲臺，兩旁鐘鼓二樓，又新建山神廟一座。闔廟一齊動工，糾首一十六人自備食用，同心協力，不一載而其工告成。至於住持養善之地，前有峪口寨堖，後有馬石坡，右屆化林南渠，左及石版坡。四面山界有地有粮，福田寺聖教廟二□古今□納，外人不得侵占。此自古及今修廟之盛事，恐其久而湮没，爰是爲記。

　　本鄉儒學生員辛奇正謹識，道士李教望書。

　　經理糾首：趙進楼施銀壹兩。楊懷旺施銀□錢。郝貴全施銀壹兩。辛大福施銀壹兩。蘇連富施銀貳兩。劉漢金施銀壹兩。郝全常施銀伍錢。王滿存施銀壹兩伍錢。賀金蘭施銀貳兩。辛連□施銀叁兩。郝有成施銀伍錢。蘇珮施銀壹兩伍錢。郝贊□施銀壹兩。袁廷棟施銀伍錢。□大□施銀壹兩伍錢。□昇施銀伍錢。

　　選擇陰陽生：裴彥吉。

　　木匠：袁廷禎、辛汝功、辛汝成。

　　泥匠：陳美亮。

　　塑画匠：郝□祥、蘇連雲。

　　瓦匠：賀祥龍、趙進格。

　　石□匠：李邦有、□□□、劉漢英。

　　磚匠：趙連富、馮生功。

　　鐵筆石匠：辛□豹、□學仁。

　　大清乾隆五十三年歲次戊申孟冬吉旦立。

清（二）

1111

507. 重修中麗澤渠碑

立石年代：清乾隆五十四年（1789 年）
原石尺寸：高 163 厘米，寬 65 厘米
石存地點：臨汾市堯都區屯里鎮賈村

〔碑額〕：皇清

自溝洫之制肇自神禹，後世遂因，以一疆界，備旱澇，而水利興焉。兹河之水，引以灌地，名曰“中麗澤渠”。其水澆灌臨、洪二□□下八村地畝，每歲因夏月水漲，冲壞土堰，雖河水長流，不能引渠灌地，令人不能無扼腕之惜。其初，屯裡、賈村、西婁曲、溝口□村有地畝人，同溝口橋樓廟大禪師和尚號達一者，請搖會一道，得布施銀一佰有奇，在渠口堰旁買地基九分三厘，券窑三孔，并成天井村北渠身小石橋一工。首倡義舉，而合渠八村人人欣其功德，復成搖會，堅作石堰，使雷鳴山水不能冲破，而水澤得以長流不斷，則八村之享利，寧有既耶！今將首倡義舉之四村，并納會人等姓氏，勒名於石，以垂永遠，且旌其功德云。

吏部揀選縣正堂丙午科舉人王煜撰文，郡庠生王廷柳書丹。

（功德主姓名及捐金額漫漶不清，略而不録）

首事：張廷選、董國珍、周大金、侯忠良、馬金有、董金鑲、梁晋奎、楊真相、孫順時、董金標、董國祝、孫文智、葉學義、李文奎、曹玉璽、范全仁、董文炳、趙洪禮、董國森、張大成、孔傳德。

監工：邵繼聰。

住持僧人：達一，徒心紹。

稷山縣石匠：□□錫、凌□真。

乾隆五十四年歲次己酉三月戊……

清（二）

永久

補修□西水口碑記

乾隆四十六年橋功告成除錢五十三千末百零六文
馬宿管昌業為逢伯經管出放照月一分行利五十二
年七閏共十載零十月奏利積錢一百七十九千四百
零八柔修東西水口盡皆花費來餘分文笺以刻石不
朽云

督工　介貴
管工九丈

管賑出入錢糧
管昌業馬逢王

施主人管餘
謀辦管厨
倡持李仁芳俤水一尺毫百當
春除刳水匣打帚常碑為存本
得抽取

管墨金
墨金

業馬容
賞郭君管
靳君禄管义業
閆傻創
張文輝

王□郭傻新

管修智書
管昌業撰

乾隆五十四年五月穀旦立

508. 補修東西水口碑記

立石年代：清乾隆五十四年（1789 年）
原石尺寸：高 113 厘米，寬 79 厘米
石存地點：長治市壺關縣店上鎮大安橋碑亭

〔碑額〕：永久

補修東西水口碑記

乾隆四十二年，橋功告成，餘錢五十三千七百零六文。馬蓿、管昌業、馬逢伯經管出放，照月一分行利。五十二年七月，共十載零十月，本利積錢一百七十九千四百零八文。修東西水口盡皆花費，未餘分文。爰以刻石不朽云。

庠生管昌業撰，管修智書。

施土人：管餘、管壨金。

督工：介賓馬蓉。

買辦管廚：牛泳。

管工九人：牛講、郭君管、管柱、郭君祿、靳琮、段琦、管久業、閆復衍、張文輝。

管賬出入錢糧：馬蓿、管昌業、馬逢玉。

住持李仁芳使錢一千五百，每春除刮水區、打掃碑房，存本不得抽取。

玉工：郭復新。

乾隆五十四年五月穀旦立。

509. 重修水渠碑記

立石年代：清乾隆五十五年（1790年）
原石尺寸：高107厘米，寬53厘米
石存地點：運城市鹽湖區上王鄉牛莊村

〔碑額〕：永垂不朽

重修水渠碑記

蓋聞前人有成規所以示□□也，而後人乏繼起，竟有不以前人之成規爲□□。順治年間，五社拈鬮，分理□丈，多寡無不均平，勒諸貞珉，昭然可稽。厥後壅塞，□各工代有成規。越世□今，歷年愈遠，敗缺益深，非舉大功，勢不可已。首事人等□或狃於偏見之淺，或苦於工費之多，竟有不以分理循舊制，而欲以合修立新法。至乾隆己酉歲，渠□傾陷，水道不通，村人取携，深爲不便。首者神傷，遂議各修之，頓易前規，不分畛域，綜一村而協辦焉。牴牾者克遂其謀，而重修之舉始興，自二功告竣。嗚乎！修□修矣，而先代之碑碣，垂在公所者，不將置於無用乎！爰刊厥石，□役爲定例，必以□章爲率由焉，乃知改作者，不過一時之勢迫，而仍舊者，恪守百代□□。

本邑後學呂炬孔昭……

首事人：東社：呂雲見、賈□齊。北社：裴□□、呂□□。西社：呂□□、張□□。南社：唐□□、呂□□……

乾隆五十五年二月吉日立。

重修碑序

静邑崛南舅井村其舊刻遠通於中頭山麓溝盡石鑑居民甃以井養不無庶矣
底村前俗名連陰岸下湧出神泉沿溝數村借以灌田圖資日用先年謀等神麻建立
失所之悲以為神出靈泉以庇人人不振斬以安神於心何忍於此村中善男悟上各東凌
共衰盛事五十二年動工修造踊其年而高其間開峻其莒垣用槫刻
每歲七月初二日樣羊告廟敬報神恩庶
聖母得所德依為但施財姓氏不勒夫
歆仍剋圖以誌不朽云是爲序

峰嶺村廪膳生員段含章撰

郭繼威書

510. 重修碑序

立石年代：清乾隆五十五年（1790 年）
原石尺寸：高 139 厘米，寬 63 厘米
石存地點：太原市婁煩縣廟灣鄉雙井村水神廟

重修碑序

静邑嶺南雙井村，其溝深邃，通於牛頭山麓，溝盡石盤，居民難以井養，不無庚癸之呼。賴神脚底村前俗名連陰岸下涌出神泉，沿溝数村借以灌田園，資日用。先年謀答神庥，建立水神聖母廟，四時享祭。不知何昉自何年，無舊迹可考。奈歷年久遠，廟宇傾頹，垣墉毀壞，見者群動失所之悲，以爲神出靈泉以庇人，人不振新以安神，於心何忍。於是村中善男信士各秉虔誠，共襄盛事。五十二年動工修造，逾其年而高其閎閈，峻其墙垣，丹楹刻桷，廟貌爲之重新。復議每歲七月初二日，持羊告廟，敬報神恩，庶聖母得所憑依焉。但施財姓氏不勒之貞珉，則湮没不彰，終非勸善之雅意也。因將各村布施姓名敬付剞劂，以誌不朽云。是爲序。

峰嶺村廪膳生員段舍章撰，郭維城書。

功德主郭旺，男維城，施銀壹拾叁兩。

募化糾首趙孔文，男有萬，施銀叁兩貳錢；男有萬、有永、有謀，孫男李康、李寧、李寶、李滿。王大正，男進堯、進舜，施銀壹兩陸錢。王大月，男進仁、進義，施銀壹兩陸錢。

糾首郭彥郡，男占高、占軍，孫男伯齊，施銀壹兩陸錢八分。郭彥城，男占顯、占□、占元，孫男明全子，施銀壹兩肆钱。

經理糾首郭和，男占如、占兴、孫男志□、志海，施銀壹兩叁钱。郭生利，男時泰，施銀壹兩伍錢。趙有嚴，男享福、学禄，施銀壹兩陸錢。

糾首郭萬、顯歪，男修城兒，施銀壹兩。男三小子。

募化糾首陳士魁、士威，施銀壹兩肆錢。□國富施銀壹兩貳錢，白生貴施銀壹兩，郭生亨施銀五錢。

糾首李君蓝施銀五錢，侄男成山、萬山。

嶂邑石匠張大舜，木匠陳建郡、趙進德，泥匠李金山，画匠李尔闊。

住寺僧人通法、通亮，徒侄心梅、心泰、心槿、心蒲、心志，徒孫源德、源魁。

大清乾隆伍拾伍年歲次庚戌三月穀旦。

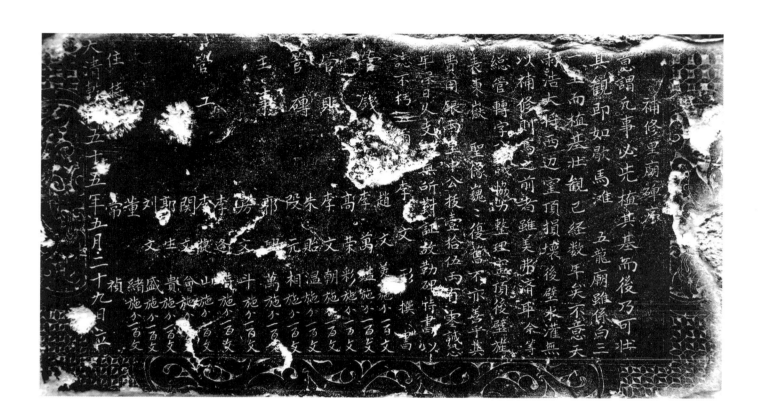

補修里廟碑序

其觀即如歌甚壯馬濉後壁水灌無

意謂凡事必先植其基而後巧可壯

五龍廟雖係勻三

浩大將兩邊窒頂損壞後壁水灌無

以補修則為之前者雖美弗濟年余等

總管轉字聖像巍巍復舊不亦善乎其

長東嶽兩生中公技壹拾伍兩有奇感慮

費用銀無所對區故勒碑特書以

年平日火支無所對區故勒碑特書以

誌不朽云　　撰文

　　　　　　　李　　　彤書

趙　李　高　李　朱　段　郭　防　李　閣　郎　劉　董　常

文　　荣　萬　貼　元　　　文　　文　懷　濬　生　文

禎　盛　曾　山　斗　萬　相　朝　彩　美　施

緒　施　貴　施　施　施　施　施　施　施　錢

施　錢　施　錢　錢　錢　錢　錢　錢　錢　小

錢　一　錢　一　一　一　一　二　二　小

一　百　一　百　百　百　百　百　百　一

百　文　百　文　文　文　文　文　文　百

文　　　文　　　　　　　　　　文

住持

大清乾隆五十五年五月二十九日立

管錢碑

管賬

管工

王事

511. 補修里廟碑序

立石年代：清乾隆五十五年（1790年）
原石尺寸：高37厘米，寬67厘米
石存地點：臨汾市霍州市三教鄉歇馬灘龍王廟

補修里廟碑序

意謂凡事必先植其基，而後乃可壯其觀，即如歇馬灘五龍廟，雖係白三一里，而植基壯觀已經數年矣。不意天雨浩大，將西边窑頂損壞，後壁水灌，無以補修，則爲之前者雖美弗濟耳。余等總管轉字公議，協力整理窑頂、後壁，旌表東嶽聖像巍巍復舊，不亦善乎？其費用銀兩，里中公撥壹拾伍兩有零。誠恐年深日久，支財無所對證，故勒碑特書，以誌不朽云爾。

李文形撰書。

（施銀人等芳名及錢額略而不録）

大清乾隆五十五年五月二十九日立。

清（二）

1121

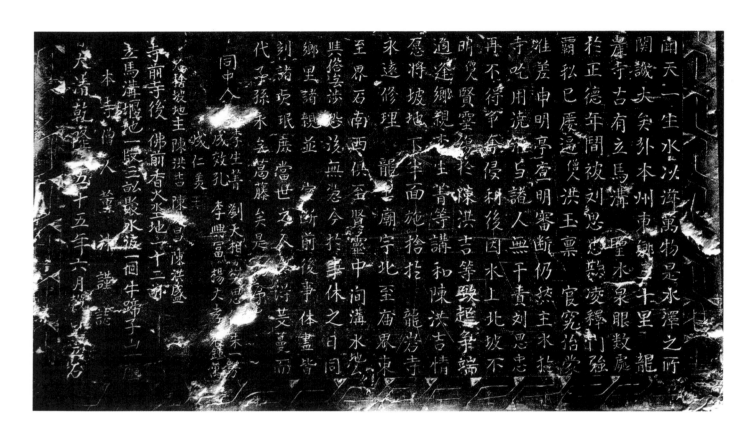

512. 秦家嶺龍崖寺泉水權屬碣記

立石年代：清乾隆五十五年（1790年）
原石尺寸：高47厘米，寬72厘米
石存地點：臨汾市霍州市李曹鎮秦家嶺村龍崖寺

　　闻天一生水，以滋萬物，是水澤之所關誠大矣哉。本州東鄉三十里龍崖寺，古有立馬溝聖水泉眼數處，於正德年間，被刘思忠欺凌釋门，强霸私己，屢逼僧人洪玉禀官究治。蒙准差申明亭查明審断，仍然主水於寺，吃用澆灌，与諸人無干。責刘思忠再不得争奪侵利。後因水上北坡，不明僧人賢靈復于陳洪吉等致起争端，適逢鄉親李生箐等講和。陳洪吉情願將坡地下半面施捨於龍岩寺，永遠修理龍王廟宇。北至庙界，東至界石，南西俱至賢靈。中間溝水地畝，與俗無涉。恐後無憑，今於事休之日，同鄉里諸親，并官断前後事体，盡皆刻諸貞珉，庶當世之人無得芝蔓，而代子孫永無葛藤矣。是爲序。

　　本寺僧人蕙沐謹誌。

　　同中人：李生箐、劉天相、樊思、朱一芳、成效孔、李興富、楊大孝、孫鐘萬、成仁美。

　　施捨坡地主陳洪吉、陳洪昌、陳洪盛。寺前寺後佛前香火坙地一十二畝。立馬溝堰地一段，三畝聚水波一個，牛蹄子山一座。

　　時大清乾隆五十五年六月穀旦立石。

清（二）

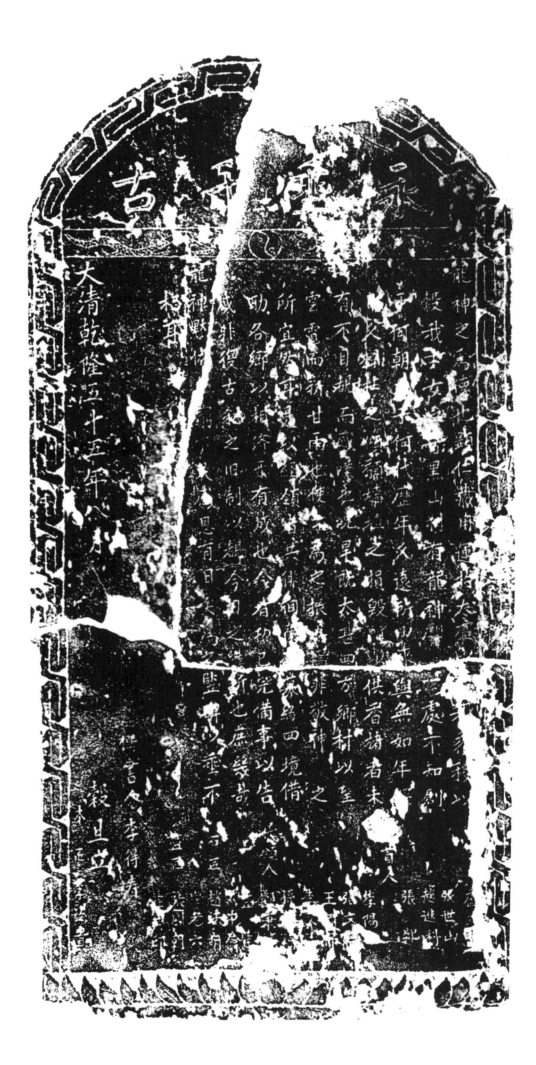

513. 重修龍神廟碑

立石年代：清乾隆五十五年（1790 年）

原石尺寸：高 112 厘米，寬 55 厘米

石存地點：大同市靈丘縣白崖台鄉烟雲崖村龍王廟

〔碑額〕：永垂千古

龍神之爲德也，顯仁藏用，運于太虛，以□我黍稷，以穀我士女□。□黑山村有龍神廟一處，不知創于何朝，□于何代，歷年久遠，所由來與無如。年□日久，梁柱之傾頹，墙垣之損毀，所以供香楮者，未有不目睹而感嘆也。況旱既太甚，四方鄉村以望雲霓而祈甘雨也。使不爲之振興，焉非敬神之所宜然耳。是以經領者共徘徊□□，募緣四境，借助各鄉，以相濟于有成也。今者功已完備，事以告成，非復古刹之旧制，以睹今日之維新也。庶幾哉龍神默佑無窮，下民感恩有日矣。爲之竪碑，以垂不朽耳。

撰書人李得寿。

□首人：□□□、盧□□、張世山、趙進科、張紀、李陽□、張文□、王□□、李文□、孫□福。

代領人：鄧秉□、孟□、刘中□。

石匠：趙法明、崔老六。

畫匠：張鳳朝、崔□邱。

木匠：李法貴。

大清乾隆五十五年八月穀旦立。

514. 賈村築堤碑記

立石年代：清乾隆五十五年（1790 年）

原石尺寸：高 112 厘米，寬 54 厘米

石存地點：臨汾市霍州市大張鎮賈村玄帝廟

〔碑額〕：龍神

從來一方之山水，不特爲一方之奇觀，即靈氣所由鐘也。如我賈村，南有諸峰環列，北有河水一帶，早暮間烟雲籠罩，祥光時見。乾隆辛巳年，天雨連綿，猛水泛溢，所謂抱藏如帶之水，遂衝爲反弓不祥之水矣。識此無不欷嘆曰："山峙□云如故，水流惜乎反常，盍以人力補之。"村人聞说，俱願效力，奈功程浩大，苦乏資財。因邀四鄉親友以及本村能人，聯爲百人播會，各輸己囊，集金貳佰餘兩，由是大築堤防，使水勢曲行如舊。工竣之後，计其餘資，猶存五十多兩，歷年滋息，積聚百有二十兩。于兹宴会之辰，首事比曰："水患既平，餘資理應入公。"衆皆齊聲曰："止许用利，不许用本，而輸資君子□□芳名垂久遠。"于是懸匾於龍神殿之前，以報神功，立石於其側，以誌不朽云。

儒學生員劉順豫撰，儒學生員劉樹章書。

（总管、分首、施錢人芳名略而不録）

石匠翟自桂刊。

乾隆五十五年十月吉旦立。

515. 補修廟宇包砌水口置買田地記

立石年代：清乾隆五十六年（1791 年）
原石尺寸：高 60 厘米，寬 100 厘米
石存地點：晋城市澤州縣金村鎮侯匠村

竊以莫爲之前，雖美弗彰，莫爲之後，雖盛弗傳。然則後先相繼，誠隆舉也。侯匠村關帝廟、玄帝廟、觀音堂由來舊矣，不有繼而修補之，將前人創建之功亦湮没而不著矣。其次東水口泛濫無常，一村之關係非小；贍養地菲薄無多，住持之需賴有限。用是首事瑞廷梁君、開輔侯君等毅然以修葺爲己責，以包砌爲己任。管飯者、傭力者皆欣然樂與趨赴之。致使廟貌有更新之象，水流無溝壑之憂，地畝漸增，一時稱盛事焉。然不有以記之，則梁、侯二君之美弗彰，亦恐繼此考之無□奮於後也。爰是記其始末，垂之後世。後之人循是而常繼修之，庶廟貌之不朽也。

所費之項，有乾隆二十一年丙子冬位西梁君施穀三石，以伊兑去社中厮坑一個，隨带地基一塊。乾隆二十四年己卯春，梁成鳳、梁成祚、梁棟施銀五兩，以伊堂樓落漏有侵廟檐，門□行路緊依山門，今施此項，着社中永遠不得藉□争執，山門前亦不得再修照壁。此亦和鄉親睦鄰右之大義也。其餘有誠心樂施者，有甘心受罰者。除修砌之前且又置地三契，雖云人力所致，實則神功所使也。故并誌之。計開：

補修廟堂、包砌塔錐、樹木、物料、木石工價共使銀一十三兩七錢八分，係梁成鳳、梁成祚、梁棟施銀五兩，餘係禁夏、禁秋罰項。包砌水□物料石工共使銀二十一兩零八分，係張玉銀施銀一兩、張興榮施銀六兩四錢、李錦銀一兩、梁有印銀一兩、張雄銀二兩、黄忠明銀五兩、梁成祚銀五兩，餘銀三錢二分，但玉銀、興榮所施一爲厮坑坐落，一爲門路關係。買地六畝二分并稅契共使銀一十八兩五錢六分四厘，係梁位西兑地□谷三石，餘係侯開輔□□運谷石利息。勒石敬神使銀二兩六錢五分，係砌水□餘銀三錢二分，李銘銀一兩并布棚價錢。

邑庠生李天剛撰文，邑庠生孫□書丹。

住持心朗暨徒見□、孫性□。

玉工吕紀□。

乾隆五十六年十一月冬至後二日勒石。

重修龍王廟碑記

蓋聞行雨施品賜澤行自古帝王宗�……防水旱每重禱雨之典故春秋雨不雨皆書以見閔雨與民同其憂……

大清乾隆五十七年歲次壬子三月穀旦立石

乾隆癸卯科舉人　王選齡撰文

邑人　王長齡書丹

知縣邑人　王選齡

本村程進爵鐫字

516. 重修龍王廟碑記

立石年代：清乾隆五十七年（1792 年）

原石尺寸：高 170 厘米，寬 70 厘米

石存地點：長治市壺關縣龍泉鎮董家坡村

重修龍王廟碑記

蓋聞雲行雨施，品物流行。自古帝王察灾祥，防水旱，每重禱雨之典，故《春秋》雨不雨，皆書以見，閔雨與民同其憂，喜雨與民同其樂也。《周禮·大宗伯》以樅燎祀雨師。雨師，畢星也。《書》曰星有好雨，其是之謂乎？然非雲騰不足以致雨，而雲則從龍者也。夫龍，能巨能細，能潛能飛，變幻而不可測。而當其聚而升也，翺翔乎杳冥之上，風霆雷電，助其憑陵，不崇朝而雨遍天下者，皆龍之力也。則龍之爲神物也甚著，而龍神之宜廟祀也亦甚明。況乎潤萬物者莫潤於水，水爲天一之所生，而地六成之。天地間至足者水，而獨不可概之于吾壺。吾壺居天下之脊，山高水深，往往鑿池掘井而旋嘆涸竭。則地勢有窮，所以仰膏雨者宜急，而所以禱龍神者亦宜切也。邑之東董家坡，舊有龍神廟一座，不知創建於何年。自前明萬曆以迄本朝，屢經重修，而代遷年遠，漸就傾頹。弗葺其宇，非所以報神庥也。乾隆五十二年春，合村居民，勠力同心，捐資經營，鳩工庀材，歷五年餘而始告竣。舊者新之，缺者補之。第見正殿神像，煥然有光，而東西兩殿，三皇、風王、財神群神從祀。庶幾有求必應，共膺螽斯麟趾之祥；有感皆通，咸蒙解慍阜財之澤。又新建石岸一座，上修廊房東西十間，南房肆間，東庭三間，西棚兩間，以爲奉祀聚會之所。重修拜亭三間，戲樓叁間，以爲和平悅神之觀。從此，因時報賽，竭誠奉祀，上以答神明之洪庥，下以廣民庶之嘉覜。甘雨膏露，澤潤生民，將《詩》所謂以祈甘雨，以介我稷黍，以穀我士女者，其在斯乎？其在斯乎？余故緣村人之請，而樂爲□記。

廩貢生候銓儒學□訓邑人王長齡書丹，乾隆癸卯科舉人棟選知縣邑人王遐齡撰文。

督工維首：王繼業、程之璧、張海俊、程進恩、貿易萬祥□、張聚銀、馬得川、任秀玉、萬得璋、秦進財、程萬寬、張榮、萬國寶、陳誼、萬榮、劉哲、程萬歷、張發。

石工長邑閆福，本村程進爵鐫字。

大清乾隆五十七年歲次壬子三月穀旦立石。

續紀

重修鯤化池碑記

池之所以得名者何也蓋因形家之說林近漁形魚得水而生而又不終為池中物也莊子云北溟有魚其名為鯤
鵬之飛也員天鵬之飛也控地名曰鯤化意居斯土者不樂與不鵬爭能而思緬德於大鵬之林乎雖然是池之感固以維風且以沖用之
我色踞太行之倒石起水伏難以駒泉而欲即是村之西掘井極多所蟲無幾曾不足以給欽食之需也戊申之占閭村紳士民人村聚計
而言曰火者人之所頼以養也繼渡絲熙尚恐有以補救之真令廟前所有古池不知何年但規模窄小更多罅漏之處尋計口劝
廣淺而謀堅厚非白赤土不為功幸村東橋左瞥有小池復置地一畝瓌土俱赤揭取必餘等游甚利一舉兩得誠勝臺也於是計口劝
力得貲飭鳩工作以是之石以砌之廣則三丈許曲東西有閘兩捏注良便垣塘為衛衍汗穢不雜良莠入水乾閭汚流往來
之徑無不整於馬嶤斯池也助葺戊申戌於壬子計費叁千餘金斯其同心協力以濟厥炎者非風俗之爵方士民之初冷何以臻此乎
成之後知者莫不以手加額洞垬此舉也誠不朽之宏規無窮之惠澤也以言維風則人文漸以蔚起以言沖用則飢渴
不可以不記也爰勒石以示永久云

伍拾

乾隆

國子監

儒學增廣生
學增廣生
生
太學季春殼

王魏琳 謹誌
嚴學德 書丹
張霎篆 篆額

石工周行義
郭天彩 鐫刻

立

517. 重修鯤化池碑記

立石年代：清乾隆五十七年（1792 年）

原石尺寸：高 150 厘米，寬 50 厘米

石存地點：長治市壺關縣店上鎮紹良村

〔碑額〕：紀績

重修鯤化池碑記

池之所以得名者，何也？蓋因形象之說。村近魚形，魚得水而生，而又不終爲池中物也。莊子云："北冥有魚，其名爲鯤，化而爲鳥，其名爲鵬。"鵬之飛也負天，鷄之飛也控地。名曰鯤，化意居斯土者，不樂與斥鷄爭能，而思編德於大鵬之林乎？雖然，是池之成，固以維風且以濟用。我邑踞太行之側，石起水伏，難以釣泉而飲，即是村之西，掘井極多，所出無幾，曾不足以給飲食之需也。戊申之吉，闔村紳士民人相聚而言曰："水者，人之所賴以養也。綆汲維艱，尚思有以補救之。"真人廟前所有古池，不知創自何年，但規模褊小，更多滲漏之憂，苟計廣闊而謀堅厚，非白赤土不爲功。幸村東橋左舊有小池，復置地一所。厥土俱赤，携取之餘，蓄潴是利，一舉兩得，誠勝算也。于是計口效力，捐資鳩工，杵以實之，石以砌之。廣則一畝餘，深則三丈許，且東西有門而挹注良便，垣墉爲衛而污穢不雜。艮巽入水，乾隅導流，往來之徑，無不整飭焉。鑿斯池也，肪於戊申，成於壬子。計費叁千餘金。斯其同心協力以濟厥美者，非風俗之醇古，士民之和洽，何以臻此？告成之後，觀者莫不以手加額，曰斯舉也，誠不朽之宏規，無窮之惠澤也。以言維風，則人文漸以蔚起；以言濟用，則飢渴可以無憂矣。其績不可以不記也，爰勒石以示永久云。

儒學廩膳生王毓琳謹撰，儒學增廣生張崇德書丹，國子監太學生張雱篆額。

石工閆得義、郭天錫、郭恭刻。

乾隆伍拾柒年季春穀旦合社同立。

518. 建修龍母聖廟碑記

立石年代：清乾隆五十七年（1792年）

原石尺寸：高103厘米，寬53厘米

石存地點：臨汾市蒲縣紅道鄉范頭村龍王聖母廟

〔碑額〕：重修

建修龍母聖廟碑記

　　蓋聞興廢無常，惟人所致。考之此地石記，龍母廟宇創於明時正德年間，管社者系十八村。遙想其時，意必香火森嚴，成爲一時之勝事，此亦興之一機也。迨其後，不知何時，而廟宇傾頹，社事廢弃，將昔勝舉邈焉，難覯一爲之。由後溯前，殊令人以感慨難忘已。然此固人心不齊以致如此，而究之地勢之遺址猶在，聖母之精靈不息。自影天池薛君遴，□□□□起，嫌妥神之無所在，本村與吉家原募化資財，建一小祠，塑聖母尊像。……在所必應，此所謂匹夫一念之誠可以格天者也。至其大彰明……至八年九年，正逢大旱，大東關屢屢祈禱，而聖母屢屢顯其……功果乎？神欲如此，人可不体神心以爲心，奉神志以爲……郭帝錫，焚香祝告，慨然起建修之念。然又苦於綿力難支，因商……此功果，而二人亦如帝錫之心以爲心，曰："能如是乎，與子同袍。"於是公……十位，計議募化。幸諸公踴躍從事，同心協力，募化四方，雖所募之資財……於神事者也。所以於五十年，鳩工庀材，先修理住窰三孔；於五十四年……窗廊，地勢卑者墊之使高，地勢窄者恢之使廣，凡東西墻垣以及……十五年，遂接續以塑聖像而金妝之，而諸工一皆聿觀厥成……至此，而其實由始迄終，勞心費力，賠墊資財者，則生員郭帝錫之功爲多。……期，帝錫因請序于余。余不揣固陋，遂援筆而爲之誌，以爲好善樂施者之助云爾。

　　邑生員王錫禄謹撰，後學生席凌雲敬書。

　　督工糾首：范頭村信士楊思隆施銀壹兩貳，賠銀貳兩。吉家原生員郭帝錫施銀伍兩，净賠銀貳拾兩。影天池信士席福賓施銀壹兩貳，净賠銀貳兩。同立。

　　乾隆五十七年歲在蒲月吉旦勒石。

清（二）

519. 重修龍王廟兩廊碑記

立石年代：清乾隆五十七年（1792 年）
原石尺寸：高 53 厘米，寬 65 厘米
石存地點：長治市黎城縣上遥鎮東柏峪村

嘗聞莫爲之前，雖美弗彰，莫爲之後，雖勝弗傳。邑有龍王庙者，固吾修祈禱雨□之所，前有維首爲之修葺，而殿宇聖像煥然一新，然其名姓，已列于石矣。而至于東西兩廊，猶然頹敗，便不爲之修理，是何异于人之盛其衣冠而藍縷其履舄乎？由是二三善士謀諸村衆，朝夕經營，共襄其事。今功已告竣，而不爲之誌焉，則前之美既湮没而不傳，而後之人亦莫之知也，不深可惜乎？爰筆于珉，以相傳于不朽云。

開工香首李全緒書丹。

總管：李生枝、王樂天、李學志。

總工：李全周、馬伏遠、李全素。

催工：王樂賢、李創、李學、馬伏、馬富、李彥山、李法河、李全唐、李全深、李子云、李進重、李生枝。

攢頭：李進重、李全祥、李清悦、李彥資、馬遇川、李恩聰、馬義群、李□喜、石成省、李□德、李唐選、李生枝。

楊珆施錢貳百文，王三多施錢貳千文，李同京施道一條，李全緒施道一角。

丹青：王節。陰陽：台英。木匠：王尔藩、李封明。泥水：馬文義。

石匠楊年刊。

龍飛乾隆壬子年歲次辛亥孟冬上浣之吉。

520. 重修柳科溝水口記

立石年代：清乾隆五十七年（1792 年）

原石尺寸：高 166 厘米，寬 71 厘米

石存地點：晉中市榆次區長凝鎮西見子村

〔碑額〕：永垂不朽

重修柳科溝水口記

……孔道，道綴於溝，勢若鈷□之柄。道之傍爲農地，頗平敞，方大雨時，行村之水畢會道……其□而道必壞。昔之人慮於是，於雍正二年砌以磚。而坡之爲水口焉，橫若干□□流而下，則岸固□□□□。自今六十餘年，人賴利焉。乾隆五十七年夏，雷雨大作，水穿其旁土，而磚皆委於□□□□□。人惴惴焉，以爲不急修之，則岸崩道壞，不數年而道將成溝，其何以對我先人？於是斂資鳩衆，繕其□材，因舊址……赴功，早夜經□。所需上百餘金，而不惜其費；所役八百餘工，而不憚其勞。不終月而遂以告竣。坪之人亦可謂……天下之事。創者□難，繼者亦復不易。在昔先民所以創義舉而爲人防患者，其遺迹往往而在。顧作者無……使繼者皆如始作之心，凡有殘毀，勤而修之，必不至於大壞。即至大壞，復重振之，則一時之舉，可以百年……也乎。噫！今之人既克繼夫先人已，更望後之人復繼今人也。是爲記。

丙午舉人王會圖撰文，張秉鈞書丹。

（以下碑文漫漶不清，略而不錄）

大清乾隆五十七年孟冬穀旦。

清（二）

千里昭彰

晉

謂理村鋪石路修水口碑記

道路橋梁王政之所經理也紀於夏令布於周官是故兩畢而以道水涸而成梁火之初兌期於司里一歲如此歲上如此無泛溢之水無不修之路甚盛舉也王綱之隳久矣莸有里君賢相其所經理不過東西南北之通衢至於荒村鐷境藝不殿及也我謂理雖彈丸微區其西薄城諸鎮貨物所出流行於山東河南諸省莸行旅往來不絕但有水口二馬長要淋游山永街激道路屬之梗絕而不能行甚可慨也且山路峻嶇夯者多歉呂為雖歲在辛丑秋七月耕耘甫畢吾九錫興諸翁坐于廬前課陰晴話農桑談及此事敝然嘆息呂女桎浩大業有欲任其事者九錫愀然同本族潤枝兄及惠捷蒿山吾等共五人為桐計經始志令意同欣贊願嘗試忠遂非旦夕之力泉舉於弟惠錫熏理事務如得不及再諸助理數人交相勸勉鳩鵤工乊村以趁此役修水口二鋪路五里有餘于中間財力不足文與化四方游弟子出其棠棠相助共理自經始以至工竣歷時數十年矣所費銀錢若干始畢觀厥成固君斯之雄也蒉刊之石俾知其成之不易而備恐日久廢施稍有共壞為修補是所望於後人焉爾

歲進 士出身 候選 儒學 敎諭 郭俊 撰

漳源邑 南慕原 右 士 劉漢統 書

大清乾隆伍十七年歲次壬子孟冬吉旦新鐫立石

521. 謂理村鋪石路修水口碑記

立石年代：清乾隆五十七年（1792 年）
原石尺寸：高 238 厘米，寬 72 厘米
石存地點：長治市壺關縣店上鎮謂里村

〔碑額〕：千里昭彰
謂理村鋪石路修水口碑記

　　道路橋梁，王政之所經理也，紀於《夏令》，布於《周官》。是故雨畢而除道，水涸而成梁。火之初見，期於司里，一歲如此，歲歲如此。無泛溢之水，無不修之路，甚盛舉也。王綱之墜久矣。後有聖君賢相，其所經理，不過東西南北之通衢，至於荒村僻境，舉不暇及也。我謂理雖彈丸微區，其西蔭城諸鎮，貨物所出，流行於山東、河南諸省者，行旅往來不絕，但有水口二焉，長夏淋澇，山水衝激，道路爲之梗絕而不能行，甚可慨也！且山路崎嶇，奔者多嘆以爲難。歲在辛丑秋七月，耕耘既畢，李九錫與諸翁坐于廟前，課陰晴，話農桑，談及此事，輒慨然嘆息。但工程浩大，莫有敢任其事者。九錫協同本族潤枝兄及惠、璉、嵩山、吾等共五人焉，相計經始。志合意同，欣然願爲。試思并非旦夕之力，衆舉於弟惠、錫兼理事務，如偶不及，再請助理。數人交相勸勉，鳩工庀材，以赴此役。修水口二，鋪路五里有餘。中間財力不足，又募化四方。諸君子出其槖囊，相助共理。自經始以至工竣，歷時數十年矣。所費銀錢若干，始聿觀厥成，固若斯之難也。爰刊之石，俾知其成之不易，而猶恐日久廢弛，稍有缺壞，急爲修補，是所望於後人焉爾。

　　歲進士出身候選儒學教諭郭俊撰，漳源邑南寨屏居士劉漢統書。

　　維首：李瑶，弟璉。李潤枝，子口。李九錫，弟繼錫。李惠，侄逢春。李嵩山，弟恒山。

　　總理：李惠錫。

　　助辦：李進金、李發錫、李興、李有德、史明安、李文府、李營、平江。

　　石工：牛天樞。木工：李文魁。泥工：王金珠。玉工：牛天恩、牛兆富、牛天嵩。

　　住持：趙本立。

　　時大清乾隆五十七年歲次壬子孟冬吉旦，新鐫立石。

清（二）

1141

522. 重修龍神廟碑記

立石年代：清乾隆五十八年（1793 年）
原石尺寸：高 148 厘米，寬 80 厘米
石存地點：大同市渾源縣大仁莊鄉黃土坡村龍神廟舊址

〔碑額〕：重修碑記

重修龍神廟碑記

□思□作方典，□賴神□之保佑，時當而成，均沾蒼天之福庇之，視居民歌□休寧者，皆願以酬答神無盡也。間嘗聞原有舊廟一所，無如風雨損壞，塌倒無存，□前者不得不重修於後也。伏爲眾善信士樂施地土，各得資財不等。歲次癸丑年又啓建，煥然一更。庶幾勝會不替，善果長存矣。今特爰爲伐石，以示勸引。

本郡武村李守身□□。

計開：徐奪施元坨子貝上平地四畝半，東至陳姓，西至陳姓，北至劉姓，南至道火燒溝村。

郭義施銀二兩，施米槽山地一段，西至本主熟地□梁，通下河□，南至大板溝山尖，北至寺院，東至……徐奪施銀五兩，施前河坡地一段，水泉地一段，東北至徐廷珍，西至溝，南至水泉，大小榆樹一切在。徐奪□侄徐廷夆、徐廷柱三次同心施照山地半段，四至照契兌驗，大小樹株一切在內。徐廷夆施銀七錢，徐廷柱施銀一兩五錢。

龍王堂村：邱印海、藺德各施銀六錢七分。程通、張福各施銀五錢。孫士施銀三錢三分。明法施銀三錢五分。

整理人：徐奪、徐党。石匠：薄正綱。木匠：方連。畫匠：侯成德。

大清乾隆五十八年歲次癸丑仲秋月吉日立。

清（二）

1143

重修架水橋碑記

橋梁之設所以通往來而吾鄉是橋非但通往來且以接勝水灌阡陌也蓋自大小鸞鸞泉池出水名曰架嶺水入
鐵孔而下澆洪山狐村張良大許等邨田頗距鐵孔數十步又有深溝阻河不能上行是以前人橫建石橋一座而
於橋頂上順砌石渠始得浮架引洪山狐村河之水是此橋之設實與四村民命相關迨後余等先輩於乾隆八年曾
經修理又於二十七年補葺一次未得慧堅迄今三十餘年石陰漸開滲漏不已且塌壞之狀朝不謀夕若不重為
砥柱一旦橋斷河涸四村之有水分者將不堪其害余係值年水老勢難坐視因會同洪山河十八程渠長狐村河
二十六程渠長於六月十二日動工先就道東開引河南业馬頭接木檯於水分不悮於功程而橋告竣
之矣呼以資灌溉利民生者正復不淺是為誌嘗在乾隆五十九年歲次甲寅越歲乙卯五月中旬八日勒石

洪山河水老 大邑庠生郭淇洗撰
監生喬世澤書

狐村河水老人 張正和 宋玉貴

經理賬目銀錢 九段 張問仁 王國林 郭炳輝

523. 重修架水橋碑記

立石年代：清乾隆五十九年（1794 年）
原石尺寸：高 163 厘米，寬 70 厘米
石存地點：晋中市介休市源神廟

重修架水橋碑記

橋梁之設，所以通往來，而吾鄉是橋非但通往來，且以接勝水灌阡陌也。盖自大小鶯鷟泉池出水，名曰架嶺水，入鐵孔而下，澆洪山、狐村、張良、大許等村田。顧距鐵孔數十步，又有深溝阻河不能上行，是以前人橫建石橋一座，而於橋頂上順砌石渠，始得駕引洪山狐村河之水。是此橋之設，實與四村民命相關。迨後余等先輩於乾隆八年曾經修理，又於二十七年補葺一次，未得甚堅，迄今三十餘年，石隙漸開，滲漏不已；且塌壞之状，朝不謀夕。若不重爲砥柱，一旦橋斷河涸，四村之有水分者將不堪其害。余係值年水老，勢難坐視，因會同洪山河十八程渠長、狐村河二十六程渠長於六月十二日動工，先就道東開引河，南北馬頭接木槽，於水分不誤，於功程未礙，八月而橋告竣焉。時復鑿神池，砌河堰，補修花欄，修葺神路，工石之費總計用金四百餘兩。墜者舉，舊者新，不僅往來行人心焉數之矣，所以資灌溉利民生者，正復不淺。是爲誌。時在乾隆五十九年歲次甲寅，越歲乙卯五月中旬八日勒石。

洪山河水老人邑庠生郭淇洸撰，監生喬世澤書。

狐村河水老人張正和、宋玉貴，經理賬目銀錢郭炳輝、從九王國林、張問仁。

清（二）

1145

惠澤長流

鑒南北二石池碑記

常聞天一生水地六成之天地之生成未偏即人世之敦貧有缺圖□村□形高踞舊無井泉連年缺水由來久矣其取水於西

徐里逺則三四十里逺近之困維能堪此甚至有老婦幼童汲水於他方歲□臺夜往還近則十數

惰日不意無水之艱至於斯極也爰與維首公議穿井數脉每至三十餘丈而不及泉此固斯村之老幼幼所渴想而企得一源者至此而幾於絕望

也然雖未復養而不窮之念不禁怦怦而復勤更併力鳩工欲於南北鑿二石池每歲亦可滿數月之洄迴於乾隆五十年先將南石池之

提延至今歲合村維首欲沛先澤協力同心景興程工其間有當身不逮者或父子相繼或兄弟相反越數載而北石池之功始得告竣蓋成功若斯之

難地尚不勒之於石其何以誌先德而鼓後人雜然尚未知水之足用與否姑建此二池以俟後之興者□東增廣生員楊謹撰

當大清乾隆五十九年歲次己寅六月穀旦立

南石池維首

北石池維首

524. 鑿南北二石池碑記

立石年代：清乾隆五十九年（1794 年）
原石尺寸：高 234 厘米，寬 58 厘米
石存地點：長治市壺關縣集店鎮土河村

〔碑額〕：惠澤長流

鑿南北二石池碑記

嘗聞天一生水，地六成之。天地生成未遍，即人世之取資有缺。圖河村地形高踞，舊無井泉，連年缺水，由來久矣。其取水於西口，晝夜往還，近則十數餘里，遠則三四十里。涸輒之困，誰能堪此？甚至有老婦幼童，汲水於他方，蹶而拋於半途者，母子悵然而嗟嘆。先趙老夫子，字孟卿，見而惻然，深爲之憐，曰：“不意無水之艱，至於斯極也！”爰與維首公議，穿井數眼，每至三十餘丈而不及泉。此固斯村之老老幼幼所渴想而企得一源者，至此而幾於無策也。然雖未獲養而不窮之占，而掘注之念不禁怦怦而復動，更併力鳩工，欲於南北鑿二石池，每歲亦可濟數月之涸。乃於乾隆五十年，先將南石池奏捷。延至今歲，合村維首，欲沛先澤，協力同心。晨興程工，其間有當身不逮者，或父子相繼，或兄弟相及，越數載而北石池之功始得告竣。蓋成功若斯之難也！倘不勒之於石，其何以誌先德而鼓後人？雖然尚未知水之足用與否，姑建此二池，以俟後之興者。

東塘增廣生員楊顯揚謹撰。

南石池維首：國學生趙先榮、趙萬祥，恩進士趙輔晉字孟卿、趙放祥，邑庠生趙其昌、趙文元、趙齡、趙高風、趙慎修，邑庠生趙明綱、趙青雲、趙子桂、趙玉昇，郡庠生趙得勛、趙子勤、吳俊卿、趙高運、趙高注、趙中建、馬有保、宋絃、趙中口、翟明月、吳宗周、趙克奇、牛奎景、趙子和、趙中太。

北石池維首：國學生趙萬瑞、增廣生趙放聰代書。趙高鳳、趙克榮、趙齡、趙春榮、趙遵仁、趙俊士、吳宗周、趙中和、趙永太、宋絃、馬有存、趙子賢、趙子桂、趙中建、翟明月。

住持：馬合宜，徒閆效忠、秦合明。

玉工王增口、王增興刊。

時大清乾隆五十九年歲次甲寅六月穀旦立。

525. 重修蝦蟆龍神碑記

立石年代：清乾隆五十九年（1794 年）

原石尺寸：高 110 厘米，寬 53 厘米

石存地點：陽泉市盂縣上社鎮大西里村蝦蟆廟

〔碑額〕：永垂不朽

重修蝦蟆龍神碑記

昔□□龍神□設敬制爲祀典法施於民,則祀之以死勤事,則祀之以勞定國,則祀之能禦大灾……之非以族也,有□□□□□舉焉。凡以重報,享絕譎瀆也。我盂治北□十里許……廟一所,係青陽山。蝦蟆神……於何時成於何代。父老間有傳其軼事者,語多怪誕,姑弗深考,第以神……雨甘森,廣布逢澇求暄。清風徐來,其節祀典之所謂能禦大灾,能捍大患者乎?士人七月之朔,奉牲獻會。旦未遠方香楮,良有以也。顧邇年間,廟貌漸頹,觀者嘆息。僧澄□天性□□,慨然以重修爲己任。因與諸信士相謀,賴衆糾同心共濟,募化輸財,故庀材□丹青□□□□,數月而殿宇維新,凡山門禪室無不改觀焉。余聞其盛事,爰舉神功之廣運……湊俚言勒諸貞珉。至此地山水環抱,宛若神龍盤踞,其□刻,俟雅士韵客對景題咏,鄙人不敢妄贅。

邑庠生劉約薰沐撰,募緣僧祥琰,徒□佇,孫清源并書。

（功德人員芳名略而不録）

木匠韓禄宝,畫匠聶倫,鐵筆尹禄。

時清乾隆□歲次庚午七月初一日立。

526. 重修昭懿聖母祠碑記

立石年代：清乾隆五十九年（1794 年）
原石尺寸：高 140 厘米，寬 54 厘米
石存地點：晋中市和順縣義興鎮邢村

重修昭懿聖母祠碑記

吾里居艮山之原，其東北隅有廟而圮，盖昭懿聖母祠也，俗第稱曰□山廟。癸丑歲，好義者量力輸財，謀爲修葺廢壞之舉，更募化四方錢若干緡。於是卜吉興工，而余與郭君子玉實董其事。工既竣，或問曰："此山不名□，而廟以□山名者，何也？且昭懿何神？里人祀之者何義？願聞其略。"余應之曰："□□□□□然。然嘗考之遼志而得之矣。遼州多勝境，而□山居一焉。其上有聖母祠。按古碑記，以爲孟夫子七世孫女，生而至孝，没而爲神。宋加號……神降語於廣衆中，道所自出。時知南遼平城縣事王舉疑其誕，親謁祠下，尤徵靈异焉。前明洪武七年賜號爲□山之神，敕……王某拜瞻時，適值旱，因而禱雨神前，果賜甘霖，其應如響。昔人謂聖母職司雨簿，盖準諸此云。吾聞國有祀典，法施於民則祀之，能禦大灾則祀之。以聖母之至孝，其仉氏之遺德欤？真不愧亞聖之裔矣。且於人有禦旱之功，是德足以法民，澤足以潤民，其爲國家之所祀，固無疑者。即吾里之有斯廟也，更□見神之靈如水之在地中，無乎不至，而使天下之人皆有以畏敬之，奉承之也。然則，遼之有是山，斯有是神，斯有是廟，而和邑之山村亦廟祀之，□□□雨祈年之所，謂爲□山神廟則可，謂爲□山廟則不可。振古建廟之義，雖無可稽。然以余所聞徵之，何疑焉？而又何修葺之能已也。"夫是舉也，布施者若干人，□資於衆也。告成者幾何日，神相乎人也。補葺正殿三楹，新妝眼光聖母、種花聖母於正殿左右。東西殿共六楹，樂樓一座，仍其舊，不敢踵而增也。又□□東西僧舍各三間，鐘鼓樓各一座，花圍墙二堵，昭其新不必安於陋也。物則木石磚瓦之備需，工則陶梓□画之盡利，亦曰有其舉之，莫敢廢也。是爲記。

庠廩生王如璠撰并書。

（布施人姓名略而不録）

大清乾隆伍拾玖年歲次甲寅孟秋月中浣之吉。

重修龍王神廟聖像移建歇樓山門東塞土塔碑誌

龍王神廟聖像移建歇樓山門東塞土塔碑誌，鄉村所以春秋享祀以祈甘雨以祝豐年者也。廟之前有歌舞樓一座奏樂和神，由來已舊無如屋年歲多荒破垣頹而西南地基推發日甚，況其東土崔數丈下有陶穴為道上所居屢經風雨之漂搖勢若累卵，當斯境者咸慄然有臨深履薄之戒倘再濯延歲月剝削消磨貽害匪淺將與神廟俱有不利焉，有心者目擊情傷因念斯樓不移則無以為永固之基土崔不築則無以為建樓之地，爰合村眾長玄共議所以振餉之窮。又我村倘厚風醇人民和樂一時皆好善施同心共事於乾隆五十七年歲在壬子孟夏經營伊始弟見相勤相逸跫身先用是不數月而聿觀厥成，關地薄人貧捐銀祇百有餘，雨土木之工雖就而丹霞猶未塗也。因遲口有待越五十九年始勤其黝堊以畢乃事維時樓與廟貌皆煥然一新為後之志者嗣而葺之庶乎千載可以不朽而神靈窆覆之恩亦得以長享無窮矣。

本村儒學生員　王來雄　用子氏撰
　　　　　　王來詔　金門代書

經理
住持道上蔡陽集門後郭來
尚好仁範山門東南地基一分　民八刀八才
王大通　民八刀七才
閤門頭　王生林　民三刀二才　　　　
　　　　賈俊偕　民八刀五才
　　　　賈貴法　民一刀三才
　　　　王尤禮　民一刀三才
　　　　賈德元　民一刀三才
　　　　賈俊武　民一刀三才
　　　　賈希杰　民一刀五才
　　　　王興友　民一刀六才
　　　　少久翹　民一刀七才
　　　　王彥約　民二刀
　　　　賈俊德　民一刀四才
　　　　王法英　民一刀四才
　　　　賈攀星　民八刀三才
　　　　王來章　民八刀

人理
王朝具　民一刀八才
賈攀進　民二刀八才
榮鑒桂　民二刀二才
王大富　民一刀八才

陰陽生　王大通
木匠　王金財
泥水匠　吳廷翻
　　　恭林懌
丹青　王懷英
盂鐵筆　趙興盛
邑　　

大清乾隆五十九年歲次甲寅麥秋則穀旦勒石

527. 重修龍王廟聖像移建戲樓山門東塞土窑碑誌

立石年代：清乾隆五十九年（1794 年）
原石尺寸：高 128 厘米，寬 59 厘米
石存地點：晋中市壽陽縣宗艾鎮東光村

重修龍王廟聖像移建戲樓山門東塞土窑碑誌

龍王神廟，鄉村所春秋享祀以祈甘雨、以祝豐年者也。廟之前有歌舞樓一座，奏樂和神，由來已舊。無如歷年既多，瓦破垣頹，而西南地基摧殘日甚，況其東土崖數丈下有陶穴，爲道士所居，屢經風雨之漂搖，勢若累卵。當斯境者咸凜然有臨深履薄之戒，倘再遲延歲月，剗削消磨，貽害匪淺，樓與神廟俱有所不利焉。有心者目擊情傷，因念斯樓不移，則無以爲永固之基；土崖不築，則無以爲建樓之地。爰合村眾長者共議所以振飾之。竊又幸我村俗厚風醇，人民和樂，一時皆好善樂施，同心共事。於乾隆五十七年歲在壬子孟夏經營伊始，第見相勸相勉，踴躍爭先，用是不數月而聿觀厥成。顧地薄人貧，捐銀祇百有餘兩，土木之工雖就，而丹艧猶未塗也。因遲回有待，越五十九年始勤其黝堊，以畢乃事，維時樓與廟貌皆煥然一新。爲後之有志者嗣而葺之，庶乎千載可以不朽，而神靈庇覆之恩，亦得以長享無窮矣。

本村儒學生員王來旌用予氏撰，王來詔金門氏書。

住持道士蔡陽樂，門徒郭來烜捐銀八兩。尚好仁施山門東南地基一分，銀一兩五分。

經理人：王大通銀八兩。王生林銀七兩。閆廣武銀三兩。賈玉法銀二兩一錢。榮璧柱銀二兩二錢。賈樊進銀一兩八錢。王大富銀一兩八錢。王朝英銀一兩八錢。賈俊偉銀一兩八錢。王貴法銀一兩七錢。李文魁銀一兩六錢。王興友銀一兩五錢。賈希孟銀一兩五錢。賈彥豹銀一兩四錢。王法英銀一兩四錢。賈俊德銀一兩四錢。王光禮銀一兩三錢。賈德元銀一兩三錢。賈俊武銀一兩三錢。賈樊星銀八錢三分。王來章銀八錢。

陰陽生：王大通。木匠：王金財。泥水匠：吳廷翱。丹青：蔡林愷、王怀英。盂邑鐵筆：趙興盛、趙興發。

大清乾隆五十九年歲次甲寅夷則穀旦勒石。

528. 移建補修增修碑記

立石年代：清乾隆六十年（1795 年）

原石尺寸：高 45 厘米，寬 98 厘米

石存地點：朔州市朔城區下團堡鄉劉家口村龍王廟

移建補修增修碑記

蓋聞雲行雨施，品物流形，是生民衣食之原，莫切於龍雨之澤，故都邑率建龍宮以報之，而其間必有歷煉之人董厥事。余鄉始洪武初，有古剎一所，龍宮、樂樓南北各三楹。今奎閣、鐘樓之高臺，猶是河泛未盡之餘址耳。當年臺高地狹，河水漸侵。余祖庠生述聖，從臺上移建平街，改爲東西六楹，而寺院較闊。嗣後山水迫泐，不數年而古墟僅留一綫，藉非余祖先幾早圖，此廟尚能至今存耶？後至乾隆二十五年，漸次剝蝕，余父庠生珙又補葺焉。正殿全竣，樂樓未完，斯亦承先啓後之大果也。逮三十四年，余念祖考創繼之功，遂從闔鄉聊捐數金，嗣葺樂樓以成先志，而樓高殿低猶未合制。五十一年，又續捐贊襄，十年而工乃竣。正殿仍舊三楹，而地基則從深溝中高築。堂廡、泮池、花欄繞外，樂樓亦點綴鮮妍。古剎所餘一綫高臺，又增築之，建三楹於上，嚮外文星閣，嚮內呂祖觀，左右鐘鼓樓。又於西南隅建書齋三楹，西北隅建禪室一所，嚮街建山門一座，蔽以屏而周以垣。諸所之土木丹青，靡不巍然煥然。凡親友道途問，皆嘆美焉。是雖爲余鳩庀之，而實賴鄉族衆力之贊襄。余極無能，誠不敢没祖考之前功，而掩一鄉之衆善也。故歷叙始末，以勒石云。

至捐資善人刊名於右：移建糾首庠生劉述聖，經理人袁世仁、高連捷、劉榮、劉釭，補修糾首庠生劉珙，經理劉普生、庠生劉瑛、監生劉海澗，增修糾首庠生劉統漢撰書。

大清乾隆六十年歲次乙卯榴月敬刊。

今將捐貲善人姓名開後

銅鍚統領資□□善□其□共施錢伍萬□□□文

□德□男□共施錢貳千□百□文

男立德立本施錢外壹萬□□伍千□年□文

現男□□共施錢壹萬□□伍千文

劉倉樓男德□共施錢伍千文

劉會樓男健□共施錢壹萬□□千文

劉發彩男通

李禮□共施錢叁拾□百□文

表有榮男□共施錢陸拾□千文

劉海□共施錢□十□百□文

表通男旺存

僧演□
劉立極　范富良　石如光　劉旺
劉慶　　武忠　王富
劉經邦男漲雲清震　郭東亮　劉東汎
郭育彩　張明　吳金富　劉有金政
劉德彩　蔣彩　張鳳　張元龍

呂昌　劉倉
劉換彩　劉海漲
劉發賢　　　　劉世榮　王□漢
范積學　石元才　劉元薄
李立名　奉福甫　劉正成　呂喜雨　石二□
裴　　　翰□成
劉沿　　劉亮彩
劉温　　劉完彩
以上共牛隻人工共花錢叁可寨荣可寨荣千文
一切物料人工世類
泥匠梁胡聘
塑畫吳大成楊正泰
石匠張克寬
住持林衡寺西馬道僧人常慶依善緣

□□男子地拾叔叡
廟骨子地拾叔叡
□高地拾叔叡
浴道堉地□□
白草地式德叡
年家院地式德立

大清乾隆六十年歲次乙卯榴月刊立

529. 劉家口龍王廟移建補修增修布施碑

立石年代：清乾隆六十年（1795 年）
原石尺寸：高 45 厘米，寬 98 厘米
石存地點：朔州市朔城區下團堡鄉劉家口村龍王廟

今將捐資善人姓名開後：

庠生劉統漢暨弟□事繼美共施錢伍萬文；劉普生暨弟普成，男勛共施錢貳萬文；劉琬，男立德、立本施錢壹萬伍千文；劉會極，男健共施錢壹萬伍千文；袁違，男時泰共施錢陸千文；劉海鱗，男緯，侄緝共施錢陸千文；袁通，男旺存共施錢伍千文；李有榮共施錢叁千伍百文；劉發彩，男通共施錢叁千貳佰文；劉權政共施錢貳千伍百文；郭泰共施錢貳千壹佰文；劉育彩共施錢貳千文；庠生李徽共施錢壹千伍百文；劉秉亮共施錢壹千叁佰文；劉經邦，男清雲、清震共施錢壹千文；僧演慶共施錢壹千文；庠生劉立極、劉良、石如光、王富、呂全、范富、武旺、劉叢、劉□□、劉海涌、尹忠、劉有倉、劉儉、薛清、劉皋、劉元龍、劉煥彩、石元才、王可漢、吳全政、劉發賢、劉發枝、劉士榮、張正、莊禎、泰福、韓喜富、張鳳環、劉立名、劉元溥、張明、鄭斌、李昌、蔚丕成、劉富彩、劉秉仑、劉溫、劉甫、劉雨、劉昶、劉日興、劉亮彩、呂喜、石二漢，以上共捐布施拾肆萬柒千文。

共從牛犋地畝攤過錢拾陸萬文。一切物料人工共花錢叁佰零柒千文。

木匠：李發財、王世斌。

泥匠：梁朝聘。

塑畫：吳大成、楊正春。

石匠：劉克寬。

住持：林衙寺西馬道僧人演慶，徒普緒。

將養善地名畝數開後：廟嘴子地拾畝，墳南地拾捌畝，朱高地拾畝，小東坡地捌畝，岔道地捌畝，房東地捌畝，白草地貳拾肆畝，房西地拾貳畝，年家院地貳拾畝，房南地貳拾畝。

前住持僧人雲然。

大清乾隆六十年歲次乙卯榴月刊立。

530. 重修廟宇碑記

立石年代：清乾隆六十年（1795 年）
原石尺寸：高 108 厘米，寬 51 厘米
石存地點：臨汾市蒲縣蒲城鎮娘娘廟

〔碑額〕：永垂不朽

重修廟宇碑記

天下事有興有廢，有因有創，因之者之易，□□□創之者之難也。然亦有事出於因，而功實等於創，且更有□於創者，亦視其工程之大小何如耳。蒲之東南鄉，去城六十里邸家河村，爲平陽衛地，舊有龍王諸神廟，創自何時，無碑記可考。近年來，風雨飄搖，塑像剝落，村主在□□後里樓下庠生曹楷秀，拜跪之下，目擊心傷，遂與信士張龍山、喬子富、劉福亮等四人，協力同心，四方募化，并出己資，得制錢貳佰餘仟。爰度厥地勢，糾工庀材，重修正殿三楹，重妝龍王、牛王、馬王、伯王、藥王、聖王、山神、土地塑像，更創建新殿一楹，新□□神塑像，重修戲樓三間。閱數月而告厥成功，規模較前爲宏敞矣。入廟生敬，其在斯乎？誠如是，因之乎？創之乎？事雖因，而功實等於創也。工既竣，而首事者之勤勞與捐資者之好善，均不容没。爲此勒諸貞珉，以垂永遠。是爲記。

督工糾首生員曹楷秀，男增生德煜施銀三拾伍兩并書，邑廩膳生員王化禧撰。

信士張龍山施銀拾兩，督工糾首信士劉福亮施銀拾兩，信士喬子富施銀陸兩。

大清乾隆陸拾年歲次乙卯柒月吉日立。

重修太平橋碑記

賜進士出身原任直隸永平府知府　弓養正撰文

531. 重修太平橋碑記

立石年代：清乾隆六十年（1795年）
原石尺寸：高150厘米，寬61厘米
石存地點：晋中市壽陽縣平舒鄉古城村

重修太平橋碑記

從來天下事善作貴於善成，有基期於勿壞，况橋梁道路經由者非一人，利賴者非一世，尤其繼述之不容緩者乎？壽邑東抵常山正定，西通川陝，北走雲中朔方，固四通五達之衝途也。縣治西北三十餘里古城、西可之東，舊有橋焉，名曰太平。創自康熙十八年，重修於康熙五十六年。其地左倚山阿，前臨大壑，每遇夏秋霖潦山水，建瓶而下，冲刷坍壅，賴有此橋，行者稱便。嗣因溪水暴豁，在左者日就迂曲，在前者日就深陷，往來行旅皆有履險之慮。乾隆二十年，有原任北流縣知縣馬先生諱凝瑞者，古城人也，惻然動念，謂西可張公諱泰定者曰："君固樂善好施人也，能捐資以成義舉乎？"張公即慨然許以百二十金爲之倡。先生因糾合鄰近村莊好義者量力捐輸，共襄厥事。功介垂成，會先生捐館，衆志不協，遂急爲立碑告竣而止，至於今又三十九年矣。道益狹，橋益壞，舊有之餘石亦零落無存。一日，馬公……孫宗愷曰：昔吾之先人與子之先人，皆於此橋有倡義好施之舉，今漸就傾圮，修舉廢墜之責在我二人，子其有意乎？張君曰："吾有是心久……多金成先志，固吾所甚願也。"於是馬君仍爲備酒饌，邀集總散糾首，依舊募緣輸財，庀材鳩工。張君益復身任其事，而衆善士亦各踴躍……勞永逸之計，因於橋之洞底及兩旁鋪砌大石，接連洞口，添修石簸箕丈餘，直達溝底，以防零滴滲漏。橋左右加修磚花墙，道南溝邊……二區，并三位王公所施地三塊，以爲取土之用，而拓出地基即成大路，凝然堅實，廓然平廣。凡用石一百八十餘丈，灰八千餘斤，磚一萬四千餘塊，大小工一千餘。經始於甲寅三月，告竣於乙卯七月。工既訖，功將以勒之貞珉，諸父老囑余誌其始末。余既嘉二人之能，繼述其祖德也，又喜諸君子之相與有成也。古人有言：莫爲之前，雖美弗彰，莫爲之後，雖盛弗傳。其近於是乎？乃援筆而爲之記。

賜進士出身原任直隸永平府知府弓養正撰文。

賜進士出身候選知縣弓佩綬書丹，本邑儒學廩膳生員馬向儒篆額。

會茶功德主：國學生馬鴻儒，男培文，次培全，次培基，孫魁武。

監修功德主：候選光禄寺署正張宗愷，長男生員岐，次巍，次峨，次岩，次岱，孫男志濂，施銀壹百伍拾兩。

大清乾隆六十年歲次乙卯律中無射穀旦立。

水傳弈葉

乾隆六十年春 道府主憲 臨襄翼三縣尊臨
定和虛仍照舊規蟠桃渠和虛東四大尉村渠口
儘西干丈在十丈之中官立渠堤萬宣工丈佔蟠
如楓冲壞渠堤 村渠口十丈之中七尺
碑面引繩為準俱不得侵佔
至西兩家淘口各要均平倒沙之時亦不得侵佔
渠口勒碑水遠為記

532. 水渠碑

立石年代：清乾隆六十年（1795 年）
原石尺寸：高 100 厘米，寬 46 厘米
石存地點：臨汾市襄汾縣汾城鎮尉村

〔碑額〕：流傳弈葉

乾隆六十年，奉道府二憲□臨、襄、翼三縣尊斷定和處，仍照舊規：

蟠桃渠儘東四丈，尉村渠口儘西十丈。在西十丈之中官立渠堤，高、寬一丈，占蟠桃渠口四丈之中三尺，尉村渠口十丈之中七尺。如水冲壞渠堤，自西碑面引繩爲準，俱不得侵□至兩家淘口。各要均平，倒沙之時亦不得侵占渠口。

勒碑永遠爲記。

清（二）

泉通五湖四海外

水引九江八河中

533. 井神龕對聯碑

立石年代：清乾隆年間
原石尺寸：高 49 厘米，寬 5 厘米
石存地點：運城市新絳縣古交鎮北王馬村

泉通五湖四海外，
水引九江入河中。

534. 懷慶府河內縣東王召東申召西王召每年三月二十二日老廟祈拜聖水碑記

立石年代：清嘉慶元年（1796 年）
原石尺寸：高 120 厘米，寬 60 厘米
石存地點：晋城市陽城縣町店鎮崦山

懷慶府河內縣東王召東申召西王召每年三月二十二日老廟祈拜聖水碑記

顯聖王，司龍神也，雨暘時若，年谷順成，遐迩胥被其澤焉。如我懷郡河內縣東鄉東竹策、西竹策、南王召、東申召、東王召、西王召六村遺有古迹，每年三月二十二日恭赴本山，虔拜聖水，六村同立社事，先年已有成規，永爲定制。及成化年，河水暴發，充壞村庄甚多，東竹策、西竹策、南王召亦被水患，漂溺者過半。執事祀神，苦于煩費，遂辞不行社事。是時東申召、東王召、西王召三村共相語曰："惟神福神也，尤陽祈禱，無不立應，實有利于民生，况廟奉享朝廷之祀，非淫神者所可比。我等即潔誠奉祀，猶恐弗克感格，敢云廢祀以慢神乎？"于是克承舊規，立石于老廟。每年三月間臨期，執事躬率衆同事，荷瓶、捧駕、負笈、引羊，十九日起身，二十一日到山，詣廟焚香，是夕宿壇于大殿。翌日殺牲祀神，禮拜聖水，仍守瓶于正殿。念三日，辞廟荷瓶□程，注瓶于本地太山廟中。四月朔，恭奉聖會以迎瓶，旗幟什物無不畢具，神輦儀制無不肅然。村中父老子弟皆歡欣任事，整肅迎神，畢集于執事村之廟。斯時安瓶祀神，粢盛豐潔，牲牷肥脂，鼓吹演戲，悉盡其誠。上以報龍神膏雨之恩，下以慶吾邑盈寧之歲。至于前後費務，執事之里辦理，一年一轉，終而復始。但年深日久，以前所立之碑已破壞無存，恐年遠無稽，三村重爲立石老廟，詳記其舊規，使後人督立其事者，幸成規之有在也。是爲序。

邑庠生原乾生撰，雲峰寺僧普洞書。

（水官、社首等姓名略而不録）

住持僧人真樂、真妙、修禪。

玉工人凌天元、凌天德。

大清嘉慶元年三月孟春吉日闔社同立。

粤稽神之為靈昭昭也凡不磧
聖天子厲禁而大為生造福者其已訖宜補葺承建迤墨修也等顧問哉若汾州府石若綠青皁
里二甲西南嶺二村會議重修
龍王佑王牛王廟共矢善念無不惟狀況肯按力翰金共壽十三兩有餘但之程　能
嘉慶歲春議動神工不數月而神工告竣或曰經理之得人也或又曰賢財之緫而
難成著引簿而叩化亦獲金百雨有零沐仁人喜捨蒙君子樂施囚於
不知寞有默默相之而人不之覺者寫焉是為序
本里廩生王喜龍撰並書

外社
　明世元　　　穆惟愛
丹福康　　　穆惟海
本村經理社首姓名開列於後

劉大桐　　冉星照　　李珍　　劉德華　　張伏室
劉成功　　張步雲　　薛世開　　穆惟財
　　　　張繼朋　　穆正殿　　穆惟順
嘉慶二十八年　　　張伏釗　　溫之洪　　溫雄龍
　　　　牛如相　　溫含金　　穆玉章
立張爾志　　溫光德　　溫光明　　王龍　　王自旺
賈公允　　王進蒲　　王俊連　　穆玉太
張大雲　　梁國銀　　梁國吉　　穆惟順
　　　　穆惟秀　　劉世傑　　溫

535. 重修龍王廟碑記

立石年代：清嘉慶二年（1797 年）

原石尺寸：高 122 厘米，寬 61 厘米

石存地點：呂梁市石樓縣裴溝鄉南嶺上村龍王廟

〔碑額〕：百代流徽

粤稽神之爲靈昭昭也，凡不碍聖天子厲禁，而大爲生民造福者，其已設宜補葺，未建宜重修也，寧顧問哉？若汾州府石楼縣君子里二甲南西嶺二村，會議重修龍王、伯王、牛王廟，共矢善念，無不歡然允肯，按力輸金，共有三十兩有餘。但工程頗巨，獨力難成，著引簿而叩化，亦獲金百兩有零。沐仁人喜捨，蒙君子樂施。因於嘉慶歲春議動神工，不数月而神工告竣。或曰經理之得人也，或又曰資財之饒裕也，而不知實有默默相之而人不之覺者寓焉。是爲序。

本里廩生王喜龍撰并書。

本村經理糾首姓名開列於後：白如正、張伏宝、蘇行龍、溫光玘、王光、穆玉元、溫光見、梁國金、李有、穆惟順、武生溫耀龍、刘自旺、穆玉显、□□富、冉福康施銀三兩，穆惟爱、穆惟海、刘恩、李君科、穆惟財、温奎壁、穆玉章、賀文全、□□□、冉世美施銀三兩，刘楚、李珍、刘德華、薛世常、穆惟成、溫光清、穆玉太、曹登科、溫光元、冉世元施銀一兩六分，刘弼、晋士喜、刘執中、溫光開、穆正殿、温合全、穆繼順、刘世□、溫□惠、冉世周施銀一兩二分。

外社：刘成功、张繼通、武生梁學義、李有花、温之洪、王俊瑞、梁國財、刘世弘、溫光福、刘輔、冉星湖、張步雲、張學月、牛中相、溫光德、王俊廷、穆玉吉、高國命、溫光□、刘□、冉星義，生員張繼鳳、梁學詩、曹公兑、温尔生、王理、穆惟秀、溫光□、楊國靈、張怀德、張大雲、三盛號、元享號、來吉當、元吉當、進美當。

嘉慶二年八月中旬穀旦謹立。

清（二）

重修大禹北王廟碑記

大禹聖廟相距幾三十里在青年右栢谷北通刈陵山

本鎮南距幾三十里在青年右栢谷北通刈陵山

二人言莫 大言功之隆考大禹謨禹貢及水經所載粢績誠不必後繼帝開王莫衔接一十六字有二十

地故立廟以祀癈有由來雍正時重修始勒碑碣後数十年東茜兩廡傷而為樓以時祭花校前更焉廄

三百飭金龍林地工間澂川而生癈西南起角樓三間廟造間房一所自大門以至常陽羅飛

釋加彩色祀其外則規模狀百十則邑澤田研飛殿草不惟風雨傁除刻補丹楹永亳春秋之人

廄聖之所以庇佑此土者祀聖者則庶庶之人一盟前人之意而時勤補其廄

府侶孝廉膳生 曾孕斯年永工王

大清嘉慶二年歲次丁巳 文仝立

維首

536. 重修大禹聖廟碑記

立石年代：清嘉慶二年（1797年）
原石尺寸：高146厘米，寬53厘米
石存地點：長治市壺關縣集店鄉辛村

重修大禹聖廟碑記

本鎮南距縣二十里，左青羊，右柏谷，北通刈陵，以達燕京，車馬輻輳，烟火殷繁，洵壺邑之屏障也。街中大禹聖廟相沿已古，不知昉諸何代，并缺遺文。夫聖自唐虞，而後繼帝開王，薪傳接一十六字，□業首二十二人，言德德大，言功功隆。考《大禹謨》《禹貢》及《水經》所載，累牘難盡，不必復詳。邑誌謂，當時治水曾經過此地，故立廟以祀，厥有由來。雍正時重修，始勒碑碣。後數十年，東西兩廡易而爲樓，以貯祭器，較前更爲宏整。但戲樓榱崩瓦解，首事者觸目興懷，議欲修葺，衆謀僉同。社有市房，所積貨資猶未能足，按地起錢，約三百餘金。庀材鳩工，閱數月而告竣。西南起角樓三間，廟□造閑房一所。自大門以至當陽殿，飛碧流丹，齊加彩色，視其外則規模壯麗，入其中則色澤鮮妍。飛甍鳥革，不惟風雨攸除；刻桷丹楹，永享春秋之祭。庶聖之所以庇佑此土者彌至，而此土之所以祀聖者彌虔，後之人躋前人之意而時勤補葺，則億萬斯年永垂不朽，其食報也亦安有窮哉！

府儒学廩膳生員□□鳳撰文，縣儒學廩膳生員張效□書丹。

（維首人名漫漶不清，略而不錄）

住持僧覺仁暨徒孫□□。

時大清嘉慶二年歲次丁巳孟冬八月。

時而卒葺者有先時而預防者詩云迨天之未陰雨徹此
秋夏溢而旬決水投遷渠平灘拖成巨港貽害於渠即
七月上澣山水漲發白沙決裂兩河並一冲破渠堰水又
沙又決直衝遷渠與廟對處冲塌堰身十五六丈水又
村堰挨之舉一鄉耆幼唯久諾自唯貪久諾自
浩村挨修堰占地畆無論貪富并無難詞而堰遂成焉東
為工有緣即開展場園地主仍要貼舊在本地將堰築起私
然修築此堰費銀八十餘兩俱出關帝廟昔餘村東
爾　神賞成功竣蜿蟺繚繞勢如龍蟠曲折亞園形
嘉慶戊　而有益於村者匪淺鮮也功竣勒之于石以誌巔末深望

歲次戊午三月上澣吉旦

員生
綏
孔
廱傳高
高麟四

537. 修河堰記

立石年代：清嘉慶三年（1798 年）
原石尺寸：高 56 厘米，寬 61 厘米
石存地點：運城市夏縣裴介鎮高家埝村

……記
……臨時而卒舉者，有先時而預防者，《詩》云迨天之未陰雨，徹……圖於先時而勿卒辦於臨時也。予高家堰村違姚暹渠……秋夏溢而南決，水投暹渠平灘，拖成巨港，貽害於渠，即……七月上澣，山水漲發，白沙決裂，兩河并一，沖破渠堰，水入……沙又決，直沖暹渠，與廟對處沖塌堰身十五六丈，水又……村堰之舉，一鄉老幼唯唯允諾。自……沿村挨修堰占地畝，無論貧富并無難詞，而堰遂成焉。東……爲侵損即開展場園，地主仍要照舊在本地將堰築起，私……然修築此堰，費銀八十餘兩，俱出關帝廟營餘，村東……爲工有緣，以神資成功，將東堰永遠死根與關帝廟……嘉慶戊午春，見斯堰也，蜒蜿繚繞勢如龍盤，曲折匝圍形……而有益於村者匪淺鮮也。功竣勒之于石，以誌巔末，深望……云爾。
　　……員緩膺高麟……
　　……生孔傳高四……
　　……歲次戊午三月上澣吉旦……

正碑爲記

州城東四十里有阿唐谷古傳爲帝堯歷山□□□□有□泉
□守□□今位守其邪然山高水深其靈日年有州尊唐公建熊□□□祥
□慶心祈雨□□□其深處俄見老叟頭婆圓棋石上公意爲龍公龍母祈□□侍
閣久近功山深林密□□□□□□□□□□□□□□□□□□□□建其
□□但以山深林密各石殘逆世之境雨帶黑色黑香後人祈雨朝山歡再建其
心欲愿立廟迷脫已囊□□□□□□□□□□□□□□□里有坑塔村信士張爾珠者填起袖
普賢□星□蜜□閒帝祖師其頸袖有泉翰者隨之歡乐告成立碑窨三乱其中窨觀音又殊
依語西善欲入見不起真善爾珠偷成斷盛舉于□山之中乃真善也今于洛成之後愛將鎖袖
布施入蕪□列千□□□後学張權埴文並書

僧人德盈

□□刘思科施錢九十六五文　　助工人侯張　金工二□　　梁法才工二□
首領張爾珠施□□□□　　　　　　陳蕙選工二□　　　陳雲見工□□
一百二十九千五百五十文見　　　　　　陳先護工二□　　祥
善友周倫　　　　　　　　　龍碩施錢三□文
范廷勳
張继孝施銀三兩
立

大清嘉慶三年四月初四

538. 重修陶唐峪堯祠碑記

立石年代：清嘉慶三年（1798 年）
原石尺寸：高 96 厘米，寬 45 厘米
石存地點：臨汾市霍州市陶唐峪羌祠

〔碑額〕：立碑爲記

霍州城東四十里曰陶唐谷，古傳爲帝堯避暑處，因名焉。谷內有玉泉寺，至今僅存其迹，然山高水深，其神甚靈。旧年有州尊唐公諱廷熊字麟祥者，虔心祈雨，独至其深處。俄見老年夫妻圍棋石上，公意爲龍公龍母所化。侍立久之，乃以硯水贈焉。公歸，遍州之境，雨帶墨色墨香。後人祈雨朝山，欲再建其廟，但以山深林密，谷苦石棧，遂不果焉。谷之南數里有圪塔村，信士張爾珠者，頓起善心，發願立廟。遂脱己囊，以爲領袖，有樂輸者隨之，数年告成。立磚窑三孔，其中窑觀音、文殊、普賢，其東窑關帝、祖師，其西窑龍王、山神、土地。□其萃止而祈朝山之善男信女，多所憑依。《語》云：善欲人見，不是真善。爾珠翁成此盛舉于空山之中，乃真善也。今于落成之後，爰將領袖布施人等開列于左。

後學張權棋文并書。

僧人德盛。

助工人位：梁法才工二个，張金工二个，陳雲選工二个，陳雲見工二个，陳先讓工二个。

樂輸：刘思科施錢九千六百文，耆賓张爾瑄施錢一千公五十文，男張祥、张碩、張龍、張見施錢三百文，首領张爾珠施线一百二十九千五百五十文，善友周儉、范廷勳、張繼孝施银三兩。

大清嘉慶三年四月初四立。

539. 重修龍王廟碑記

立石年代：清嘉慶三年（1798年）
原石尺寸：高106厘米，寬54厘米
石存地點：晉中市壽陽縣溫家莊鄉溫家溝村

〔碑額〕：由來尚矣

重修龍王廟碑記

□□栖於廟乎？吾不得而知也。神必不栖於廟乎？吾亦不得而知也。其精英足以霖雨，天下則立廟。致□□，□□修之，固其所宜。獨是龍也者，飛則在天，或躍在淵，其性果安乎廟耶？抑又聞之山川形勢，變化不□，□謂之龍。昔人有言，龍德爲雨。又曰，山川出雲，雲行雨施，澤潤生民，列諸祀典，以報功也。然必供之□堂室也，□古禮□復被以冕旒，崇其徽號，而稱之曰龍王乎？治北溫家溝舊有龍王廟，以祈風雨。歷年久遠，漸既傾圮，衆議葺之。有財者樂輸，趨事者恐後，不崇朝而厥工告成。事神之虔，從可睹矣。虔以事神，則神之存乎□躍與見於山川者，胥將效其靈而降之福，不必問其果宜栖諸堂室，被之□旒，而加以徽號否也。□非知文，衆屬作記，遂不能辭，因贅數語，以明祈風雨者惟明禋之爲尚云。

本邑儒學廩膳生員尹丕誠撰，本村姜寬齊書。

敕授文林郎知壽陽縣事知縣加三級紀録十次袁太爺諱成烈施銀十兩。

皇恩欽賜正九品會聚糾首人溫財寶施銀一兩，地二頃一十四畝，每畝攤錢二十文。

開光人總理糾首：□□齊施銀一兩，溫玉□施銀五錢，姜威□施銀叁錢，張德財施銀一兩，溫玉輝施銀伍錢，朱代海施銀一錢，溫喜林、武成珠。扶碑人溫玉官施銀一錢。

陰陽朱陽明。泥水木匠刘釗成施銀二錢。畫匠傅邦彥施銀貳錢，郝蘭芳施銀壹錢，趙忠龍施銀壹錢。鐵匠溫玉恩施銀壹錢伍分。

時大清嘉慶三年歲次戊午孟夏穀旦勒石。

清（二）

540. 諸龍廟碑記

立石年代：清嘉慶三年（1798 年）
原石尺寸：高 150 厘米，寬 50 厘米
石存地點：陽泉市盂縣南婁鎮西小坪村諸龍山廟

〔碑額〕：重修碑記

諸龍廟碑記

……戴□施於民，能禦大灾，能捍天患，則能常享俎豆於人間，凡以云報也。……許有仙山靈泉者，先朝建立。□諸龍神殿，興雲布雨，其澤被蒼生者。不……遇亢旱之年，無不隨意而施。是以鄉人時具粢盛之貢應彌也。因泉水……壞，殿角傾欹。雖□□□□，□乎不在；而□仰之下，實覺黯然無色於是……捐己資，補修廟……募化外處衆緣，新建停駕之區……巍然，丹腾煥然，金碧瑩然，而神威愈覺儼然。此雖衆信士……德澤長，而感人深也。是爲記。

邑庠生武燦錫謹撰，國生武本灼敬書。

（以下人名漫漶不清，略而不録）

大清嘉慶三年七月立。

永遠

重修小天池碑記

事有似急而實緩即有似緩而實急者如小天池之有待於修理墾地予莅地震

高阜艱挨水利青陵一池所以資澆灌飲牝牡其為用誠至急也縣誌載之詳矣天

壬癸小池一所亦即心勤行滌而佐大地塘用迤來周圍頗顠富水圭多戊午春甚眾

共藏修選一所余有同心出資財而協之川石以為永玆長父又計由是尚之傾賴者

令則完固美行是愒彼汪淼而清且連濟與青陵池之資澆灌飲牝牡實相表裏

為則斯舉也又烏可以稍長子工既竣安勒諸石以昭來玆

邑庠廩膳生員 繡由 郭 錦章 撰文

總理公道 連三 郭 子乾 書丹

趙 郭 邦 彭
燦 子 鍾 正 世
貢 乾 秀 印 英

大清嘉慶王午歲次戊午八月 穀旦

541. 重修小天池碑記

立石年代：清嘉慶三年（1798 年）
原石尺寸：高 110 厘米，寬 49 厘米
石存地點：運城市絳縣磨里鎮東官莊村陂池

〔碑額〕：永遠

重修小天池碑記

事有似急而實緩，即有似緩而實急者，如小天池之有待於修理是也。予莊地處高阜，艱於水利，青陵一池，所以資澣濯、飲牝牡，其爲用誠至急也。縣誌載之詳矣。至於小池一所，亦即以酌行潦，而佐大池之用。迩來周圍傾頹，蓄水無多。戊午春，集衆共議修理。一時命有同心，出資財而砌之以石，以爲永遠長久之計。由是，向之傾頹者，今則完固矣。行見挹彼注茲，而清且漣漪，與青陵池之資澣濯、飲牝牡，實相表里焉。則斯舉也，又烏可以稍緩乎？工既竣，爰勒諸石，以昭來茲。

邑庠廩膳生員繡甫郭錦章撰文，邑庠生員連三郭子乾書丹。

總理公直彭世英、王正印、郭鍾秀、郭子乾、趙凝貴。

大清嘉慶三年歲次戊午八月穀旦。

清（二）

542. 重修三官三王龍王廟宇碑記

立石年代：清嘉慶三年（1798年）
原石尺寸：高195厘米，寬61厘米
石存地點：臨汾市蒲縣克城鎮和好村龍王廟遺址

〔碑額〕：永流不朽

□□□□三王龍王廟宇碑記

□求功之及於人者，可以爲功，不可以云大功；德之加於人者，可以爲德，不可以稱盛德。若乃功德之及於神聖者，乃可稱大功盛德也。余邑中里上□黄□村，地雖偏僻，人却性善。爰有曹萬倉者，於去歲正月間，聚合鄉人，好會之際，議修庙理神之心。一人方倡，衆願於隨。因合社公舉糾首五人，偕同香老等，議定各化資財，移神建庙一事。獨是興工之後，功程頗大，社攤之財，難以告成，因而分路募化，共獲百金。遂建正面磚窑三孔，中奉三官聖像，左塑三王，右列青山龍王。庙南捲無量窑一孔，前面樂楼歌舞和神。且之知神靈之得安茲者，孰非五六人之□□勞力所致也耶？夫而後，將見百福賜而罪厄解，風雨調而疆理潤，三牲成而六畜旺，種種樂利，謂非人禮神而神衛人也哉？因於今歲孟秋，尤念喜捨者固當重名，即領事者亦宜勒石。因合社敬求余文。余生才淺，聊俱創立始末爲序，以望後之興者繼所□□，成所未□。余雖异鄉，甚欣慕焉。

本邑儒學生員亢緒圖薰沐謹撰，施銀五錢。

□□法施銀伍兩，曹萬□施銀伍兩，曹萬年施銀四兩，吕純恩施銀二兩五錢，曹培業施銀二兩，曹培德施銀二兩，吕承明施銀一兩五錢，曹萬倉施銀一兩，吕承斌施銀一兩，吕承彪施銀一兩，曹培金施銀一兩，吕承豹施銀一兩，曹培法施銀一兩，吕純業施銀一兩，吕□□施銀一兩，吕正順施銀一兩，吕純德施銀一兩，吕正達施銀六錢，張繼□施銀六錢，曹萬全施銀五錢，吕承清施五錢，吕承龍施銀五錢，吕純修施銀五錢，張進太施銀五錢，李□盛施銀五錢，曹培玉施銀五錢，曹萬邦施銀五錢，吕憲滿施銀二錢，郭大魁施銀二錢，吕承庫施銀二錢，曹培周施銀二錢。

一共使錢二百三十三千零五十文。

糾首：曹萬銘、吕承明、曹萬年、曹萬倉、□□、吕柄元，香老曹培德。

陰陽刘漢著，土工曹金盛，木匠郭師，画匠張忠智，石匠杜宗孟。

大清嘉慶三年菊月中旬五日立。

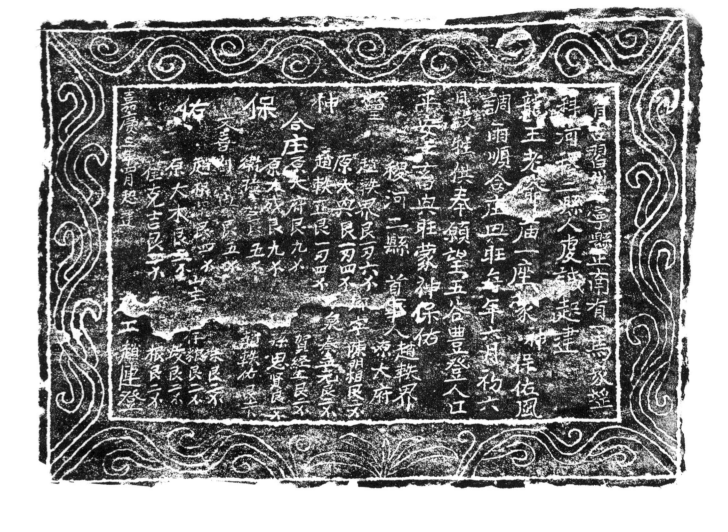

543. 建龍王廟碑記

立石年代：清嘉慶三年（1798 年）
原石尺寸：高 40 厘米，寬 53 厘米
石存地點：臨汾市吉縣屯里鎮馬家窰村

自古習州大寧縣正南，有一馬家窰科，河、稷二縣人虔誠起建龍王老爺庙一座。蒙神保佑，風調雨順，合庄興旺。每年六月初六日，殺牲供奉，願望五穀豐登、人口平安、六畜興旺，蒙神保佑。

神靈保佑，合庄文喜。

稷、河二縣首事人：趙軼界、原大府。

趙軼界銀一兩六錢，原大興銀一兩四錢，趙軼正銀一兩四錢，原大府銀九錢，原大成銀九錢，衛□喜銀五錢，劉興銀五錢，趙根深銀四錢，原大木銀三錢，崔克吉銀二錢，鄉寧陳明相銀二錢，□泉秦孟元銀二錢，賀經生銀二錢，孫思賢銀一錢，趙軼佑銀二錢，朱銀二錢，山主□□仔銀二錢，蛟銀二錢，粮銀二錢。

石工趙連登。

嘉慶三年四月起建。

清（二）

544. 重修柏山聖母陀郎龍王諸神廟記

立石年代：清嘉慶四年（1799 年）
原石尺寸：高 165 厘米，寬 66 厘米
石存地點：臨汾市鄉寧縣柏山寺鄉

〔碑額〕：永垂不朽
□修柏山聖母陀郎龍王諸神廟記
□寧縣東十餘里有山，獨峰拔萃，秀挺雲霄，四山圍拱，二水交流，古柏萬株，鬱鬱蒼蒼，邑志□□"荀山堆翠"是也。名荀者何？因建晉大夫荀息祠，故以山屬荀焉。六社人士仰其峻節孤忠，於四月望五日……誠盛典也。南距祠數□，又立聖母陀郎龍王諸神廟，以爲祈禱地，右刻飛□，塑老君像……雨淒風，橡蠹屋漏，欲葺無力。戊午春，余解任歸，有卧碑數方，索□筆繕寫。余馳車奔赴，忽見蒼渺中有兩楼對峙，飛□崇櫓，崢嶸如畫。□廟□拜畢，由左圓門入，一亭名耐香，昔人有"古柏森森耐歲寒"之句，故名云。環坐其中，俯瞰亭外村墟歷落，行旅牛羊往來其下。每當秋夏，會禾黍桑麻掩映於蒼烟翠靄間，真佳境也。或踏青落……人游目肆觀，多會於此。余心竊謂，何前此落寞，而今雅致若此？因□於□，僉曰：此皆令叔寅昭公布置□。先是，縣主吳公蒞任，寅公謁見，後詳其事。公令伐枯柏新之。嘉慶元年始，訖三年告峻〔竣〕。金碧各廟神像，崇其門□而其……黝堊藻繪悉如式。余不禁躍然曰：叔之加意神工，在在皆然。行見廟貌新而祈報時享，卧碑立而忠□常昭，楼亭□而心目頓豁。使川岳靈秀氣叠生，偉人與當年英烈遙相輝耀。地因人□豈不更增一佳話也哉。若□謂八景之一助，毋乃失重修之大意云。時督工者，候銓州同李公俊生，恩賜九品頂戴張公文正，始終不辞劳□至諸君窮□姓名刊列碑陰。

邑庠生……
例授修□郎……和□縣訓導事庚戌明經……
（以下捐施人漫漶不清，略而不録）
□嘉慶四年歲次己未四月吉日記。

永遠

545. 重修三官廟□石堰碑記

立石年代：清嘉慶四年（1799 年）

原石尺寸：高 85 厘米，寬 47 厘米

石存地點：運城市夏縣祁家河鄉馬村

〔碑額〕：永遠

重修三官廟□石堰碑記

　　嘗思神之靈不可没，人之功亦無容湮也。兹和尚莊古有三官庙一座，不知創建何時矣。迄今數百年來，其庙内重修垣墉庶無可慮，但庙後基地年深日久，河水冲刷，實屬大患，若不亟力修葺，恐神殿不固矣。迄至己未年己巳月，有下桃溝庄信士崔發長等，顧瞻惻憫，突起善念，承領合村人同心協力，樂輸其財，修石堰一條。此堰系六節下桃溝所修，系東边第二節，計功八尺，所費銀兩十餘數，下剩銀兩一村永執。不數日而殿宇巍然，石堰焕然，是人之功德乎，實神之功德默有以感之也。兹值功成告峻 ［竣］，敬勒諸石，庶神之靈與人之功并垂不朽。是爲誌。

　　垣曲縣青濂村儒士董步霄謹敬書。

　　崔發長施銀五錢，郭治經施銀四錢，蔡廷秀施銀三錢，李大君施銀三錢，柴生貴施銀三錢，楊□典施銀二錢，郭大富施銀二錢，柴生華、柴生文、柴生武、柴生斌、□生全、郭治法各施銀一錢二分，張法長施銀一錢，韓大仁施銀一錢，郭大洪施銀一錢，李自林施銀五分，張齊竹施銀五分，張全德施銀五分，郭治全施銀五分。

　　首事人：郭治經、崔發長、李大君、柴生貴。

　　稷山縣鐵筆匠李萬海刊。

　　皇清嘉慶四年歲次己未孟秋吉旦。